XIANJI GONGDIAN QIYE
TONGQI XIANSUN
GUANLI ANLIJI

县级供电企业同期线损
管理案例集

国网浙江省电力有限公司　组编

中国电力出版社
CHINA ELECTRIC POWER PRESS

内 容 提 要

　　本书共分为三章，从线路侧、台区侧、变电站侧三个角度梳理总结了县公司在同期线损管控中发生的典型案例，共计 26 个。通过针对性的案例分析，详细介绍同期线损管理经验，为从事或即将从事同期线损管理的相关人员提供参考。

　　本书可作为同期线损各专业管理人员以及监测运维人员的学习培训教材或工作参考书。

图书在版编目（CIP）数据

县级供电企业同期线损管理案例集 / 国网浙江省电力有限公司组编. —北京：中国电力出版社，2021.5（2023.5 重印）
　ISBN 978-7-5198-5307-5

　Ⅰ. ①县… 　Ⅱ. ①国… 　Ⅲ. ①线损计算–案例 　Ⅳ. ①TM744

中国版本图书馆 CIP 数据核字（2021）第 019184 号

出版发行：中国电力出版社
地　　址：北京市东城区北京站西街 19 号（邮政编码 100005）
网　　址：http://www.cepp.sgcc.com.cn
责任编辑：刘丽平　张冉昕
责任校对：黄 蓓　李 楠
装帧设计：张俊霞
责任印制：石　雷

印　　刷：固安县铭成印刷有限公司
版　　次：2021 年 5 月第一版
印　　次：2023 年 5 月北京第三次印刷
开　　本：880 毫米×1230 毫米　32 开本
印　　张：4.625
字　　数：137 千字
印　　数：1301—1800 册
定　　价：20.00 元

前言

　　线损率是综合反映电网规划设计、生产运行和经营管理水平的关键技术经济指标，线损管理始终是电网企业运营管理的重要内容，最大限度地降低损耗是供电企业经济效益提升的最有力体现。

　　由于传统线损管理模式存在供售不同期情况，极大制约了降损管理水平的提升，国家电网有限公司近几年来大力推进同期线损管理系统建设，系统应用取得了初步成效，基础管理稳步提高，专业协同持续深化，为同期线损精益化管理打下了良好基础。

　　各级发展、调控、运检、营销专业线损管理人员落实"分区、分压、分线、分台区"管理职责，依托同期线损管理系统以及各源端数据系统，高效开展同期线损各项指标监测—分析—处理—提升，在日常同期线损治理工作中不断进行经验积累和总结，形成了大量的典型案例。为了进一步加强线损管理，使线损各专业管理人员能够快速了解线损管理的基本理论知识，有效提升线损管理能力，国网浙江省电力有限公司绍兴供电公司组织编写了《县级供电企业同期线损管理案例集》。本书共分为三章，主要介绍了线路侧、台区侧、变电站侧线损管理的典型案例。本书旨在搭建交流平台，加强技术交流和宣贯，实现成果共享，同时巩固同期线损系统建设成效，推动同期线损管理水平进一步提升。

　　由于编者水平有限，时间紧迫，编写过程中难免出现疏漏和不足之处，敬请批评指正。

编　者
2020 年 3 月

目录

第一章 线 路 侧

案例一 分线线损治理在异常发生之前

分线线损异常是指日分线线损率超过 10%或低于 0%，月分线线损率超过 6%或低于−1%。

在管理经营过程中，分线线损异常一般是指异常因数已经对线损计算产生了较大的影响；反之，分线线损率在达标范围内并不代表分线不存在异常因数，只是目前影响较小，而当该异常因数达到一定量，则引起线损异常。某供电公司深入分析日分线线损，总结异常治理经验，对在线损率达标范围内的配电线路开展异常侦查和治理，开拓线损治理新思路"线损治理在异常发生之前"。

一、概况描述

某供电公司为推进同期线损建设开展了分线线损负损专项治理，同时在日常管控中建立"日监测、日通报"和分线线损异常治理闭环管理流程。2019 年 6 月实现了分线月线损零负损的目标。

该公司在同期线损建设过程中取得一定成果的同时，发现日均分线线损有效率却难以得到有效提升，一直在 95%左右徘徊。仍有相当一部分日分线线损异常为"线路—变压器（后简称线变）"关系错误，由电量采集失败、表计计量异常等异常因素引起。而日分线线损异常的治理，往往都是在线损异常后才治理，使得日均分线线损有效率提升缓慢。

二、问题分析

该公司在分线线损治理过程中，发现部分配电线路的分线线损率在超过达标范围前，便已隐藏部分存量或增量的异常因数，当异常因数影响扩大时，便出现分线线损异常。

以三镇 K306 线为例：4 月 24 日，某高压用户新装光伏设备，但由于管理不到位，该分布式电源未及时在一体化系统中完成配置。之后三镇 K306 线线损出现波动，但线损率在达标范围内，直至 5 月 2日出现负损。运维人员虽在 5 月 4 日通过日监控发现线损异常并进行

关口模型更正，但分线线损异常已经产生，线损率曲线图如图1-1
所示。

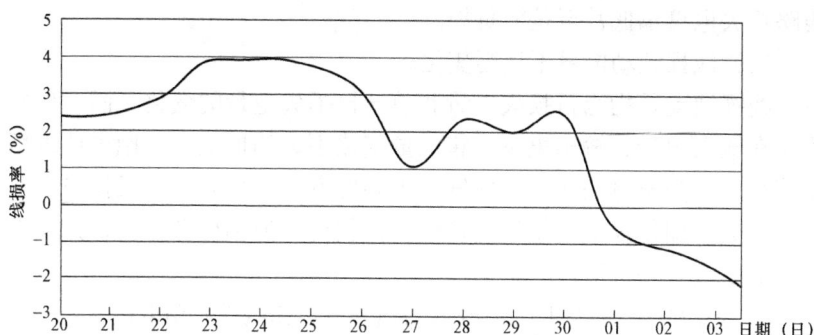

图1-1 三镇 K306 线线损率曲线图

三、具体做法

1. 合理中发现不合理

该公司总结分线线损治理经验，发现日损失电量波动变化与异常
因素存在着一定联系，建立日分线线损台账表如表1-1所示（定义线
损波动电量=|当日损失电量－前一日损失电量|），总览观察每日的损失
电量，分析可能存在的异常因素。

表1-1　　　　　　　　　　　日分线线损台账表

序号	线路编号	线路名称	平均损失电量(kWh)	最大损失电量(kWh)	最小损失电量(kWh)	8月1日			8月2日		
						损失电量(kWh)	线损率	波动电量(kWh)	损失电量(kWh)	线损率	波动电量(kWh)
139	11M32000251751641	新村K302线	649.02	1490	189.2	1490	6.271%	230.8	1103.6	5.285 4%	386.4
140	11M00000500069963	三马K315线	1850.62	2462.13	1225.13	1225.13	1.922 3%	67.39	2462.13	3.937 7%	1237
141	11M00000500341684	三合K307线	2042.72	2388.79	1763.58	2388.79	3.572 1%	3.69	2128.21	3.317 3%	260.58
142	11M00000500031651	三工K316线	553.88	644.08	431.24	633.98	1.656 2%	38.4	508.53	1.341 1%	125.45
143	11M00000500136905	前岩9108线	1210.50	1394.26	868.31	1394.26	3.191 7%	40.32	1283.01	2.976%	111.25
144	11M32000250759815	金地K310线	134.27	224.4	37.2	147.6	0.904 4%	98.4	86.4	0.626 1%	61.2
145	11M00000500244234	里东K328线	1475.09	1633.24	1117.85	1631.46	4.070 5%	86.61	1633.24	4.239 9%	1.78
146	11M32000251751645	开发K304线	857.74	1084.94	692.27	692.27	1.6721%	94.62	876.22	2.0627%	183.95

通过对线损数据的分析总结，初步得出损失电量在以下三种情况

下可能存在异常因素：一是线损波动电量不规则变化，二是以高供高计为主的配电线路出现高额的损失电量，三是以高供低计为主的配电线路损失电量偏低甚至是微负损。

（1）线损波动电量不规则变化。

线损波动是指当日损失电量和前一日损失电量的变化。同一配电线路在输入电量、输出电量和售电量变化不大的情况下，抛去计量精度因数，损失电量的变化不应发生大幅度变化。反之，如果损失电量波动较大，即使损失电量波动在达标范围内，但仍可考虑存在异常因素，需要深入分析治理。

中南 K241 线在 7 月 13～20 日的损失电量和线损波动电量如表 1-2 所示。

表 1-2　　　　　　　中南 K241 线分线线损周变化表

日期	7月13日	7月14日	7月15日	7月16日	7月17日	7月18日	7月19日	7月20日
损失电量（kWh）	708.36	905.9	918.21	784.24	1313.89	973.48	898.8	1681.13
线损波动电量（kWh）	-370.76	197.54	12.31	-133.97	529.65	-340.41	-74.68	782.33
线损率	4.126%	6.807 7%	5.081 3%	4.356 9%	5.751 3%	4.306 6%	3.964 6%	6.964 9%

观察该配电线路损失电量在 7 月 20 日突然增加了 782.33kWh，且最小损失电量与最大损失电量之间相差了 972.77kWh。在输入电量变化不大的情况下损失电量发生大幅变化，虽然线损率仍在日分线线损达标范围内，但考虑可能存在异常因素。中南 K241 线分线线损周变化曲线图如图 1-2 所示。

对中南 K241 线展开异常分析，查看中南 K241 线 7 月 20 日售电量明细未发现表底完整，且没有用户发生电量突变。随后查看线路输入明细，发现中南 K241 线存在 5 个高压光伏用户。该 5 个光伏用户在 19 日和 20 日上网电量存在明显变化，如表 1-3 所示。

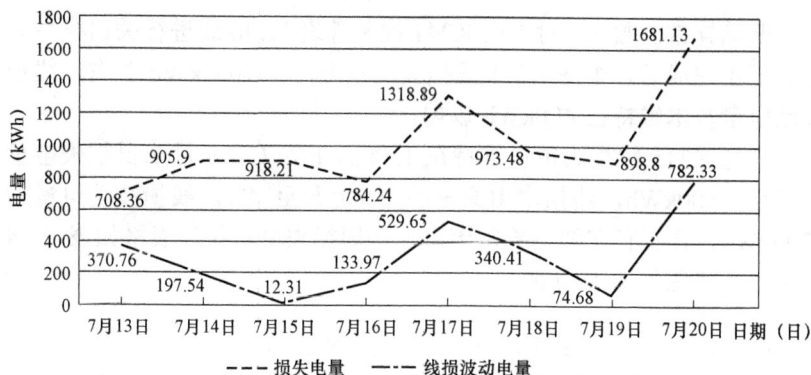

图 1-2   中南 K241 线分线线损周变化曲线图

表 1-3   中南 K241 线分布式电源上网电量比对表

计量点编号 日期	00047320387	00048028691	00046592126	00047778793	00047742650
7 月 19 日	10.5	1	74.4	60.4	33
7 月 20 日	18.15	0	621.6	145.6	85.2

分线线损监测分析人员，通过电话联系配电线路运维责任班组，得知中南 K241 线在 7 月初开展了线路割接工作，部分配电变压器由中南 K241 线割接至苍岩 K248 线，其中部分高压用户安装了光伏设备。从输入、输出和售电量变化可以看出发生线路割接，如图 1-3所示。

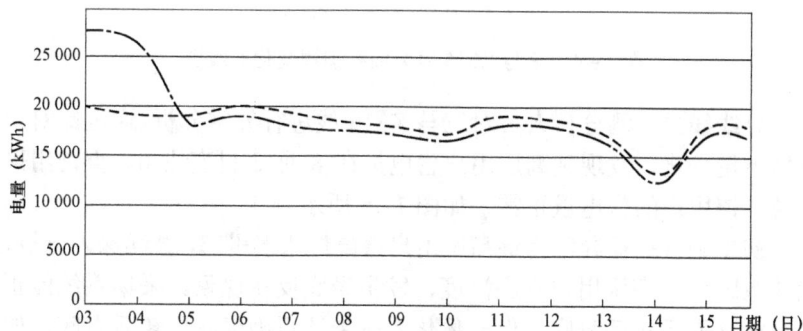

图 1-3   中南 K241 线供售电量曲线图

5

明确异常因数后，对中南 K241 线和苍岩 K248 线进行关口模型更正。更正完成后，中南 K241 线损失电量维持在 1000kWh 左右，线损波动电量基本维持在 400kWh 以内。

三马 K315 线损失电量维持在 1200kWh 左右，8 月 2 日损失电量上升至 2400kWh，线损率由原来的 2%上升至 4%，线损波动电量为 1200kWh，怀疑存在线损异常因素。一周损失电量统计表格如表 1-4 所示，折线图如图 1-4 所示。

表 1-4   三马 K315 线分线线损周变化表

日期	7 月 27 日	7 月 28 日	7 月 29 日	7 月 30 日	7 月 31 日	8 月 1 日	8 月 2 日	8 月 3 日
损失电量（kWh）	1379.07	1091.95	1391.01	1292.52	1322.32	1225.13	2462.13	2140.68
线损波动电量（kWh）	82.75	287.12	299.06	98.49	29.8	97.19	1237	321.45
线损率	2.124 3%	1.990 6%	2.103 5%	2.032 1%	2.01%	1.922 3%	3.937 7%	3.95%

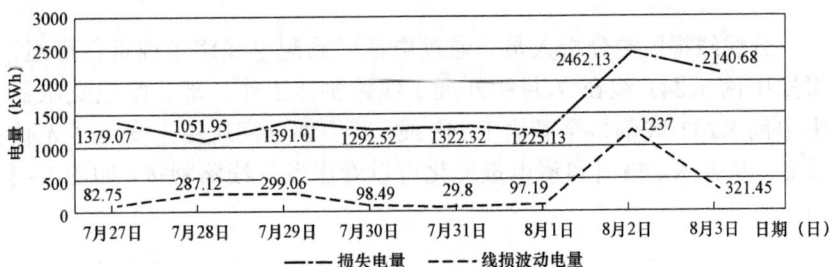

图 1-4   三马 K315 线分线线损周变化曲线图

分线线损监测分析人员对三马 K315 线进行异常分析，通过比对用户售电量变化，发现某高压用户售电量在 8 月 2 日变成 0。查询用采系统，该用户的售电量正常，如图 1-5 所示。

初步确认线损异常为该高压用户售电量错误引起，继续深入分析，确认原因为该高压用户表底满度，发生表底反转现象。采集系统能正常继续读取反转后表底，但一体化系统未能正确读取反转后表底，如图 1-6 所示。随即联系项目支撑人员进行数据处理。

序号	日期	表号	正向加减关系	正向电量
1	2019-08-03	148100000010093162	正向加	0.00
2	2019-08-02	148100000010093162	正向加	0.00
3	2019-08-01	148100000010093162	正向加	1201.91

户号 1731700397 户名 ▩▩▩▩

查询方式 ⊙ 日 ○ 月 开始日期 2019-07-30 正向有功

累计 局号：3330001000100065843119 正向有功总：998803.38(kwh) 正向有功谷：2772.92(kwh)

正向有功平：0(kwh)

查询结果：【符号"—"含义为参见左列】

日期 ▾	局号（终端/表计）	受电容量(kVA)	CT	PT	表计自身倍率	正向有功总电量
2019-08-03	3330001000100065843119(表计)	50	1	1	1	1134.23
2019-08-02	3330001000100065843119(表计)	50	1	1	1	1164.84

图1-5 同期线损系统和用采系统高压用户售电量对比图

单用户视图 档案查询 抄表数据查询 电量数据

户号 1731700397 *

开始日期 2019-07-30

累计 局号：3330001000100065843119

查询结果：【符号"—"含义为参见左列】

日期 ▾	局号（终端/表计）	正向有功总(kWh)
2019-08-03	3330001000100065843119(表计)	1812.43
2019-08-02	3330001000100065843119(表计)	647.59
2019-08-01	3330001000100065843119(表计)	999450.97
2019-07-31	3330001000100065843119(表计)	998249.06
2019-07-30	3330001000100065843119(表计)	997059.82

图1-6 高压用户抄表数据图

异常因素处理完成后，三马 K315 线日损失电量恢复为 1200kWh 左右，线损率恢复至 2%左右，如图 1-7 所示。

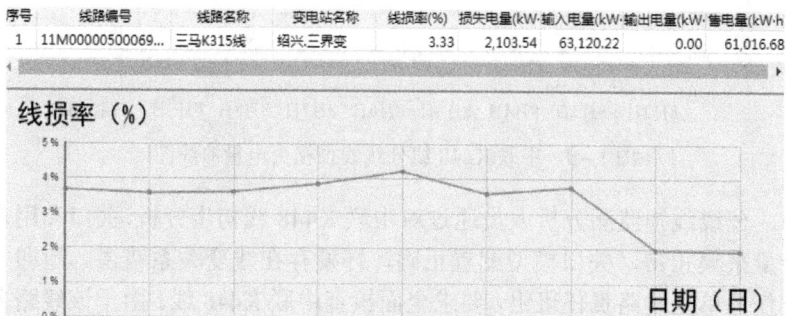

序号	线路编号	线路名称	变电站名称	线损率(%)	损失电量(kW·h)	输入电量(kW·h)	输出电量(kW·h)	售电量(kW·h)
1	11M00000500069...	三马K315线	绍兴.三界变	3.33	2,103.54	63,120.22	0.00	61,016.68

图1-7 三马 K315 线分线线损区间图

（2）高供高计用户为主的配电线路出现高额损失电量。

高供高计是指高压供电同时在高压装置电压互感器，电流互感器进行计量。这也意味为线损主要来自于线路损耗，一般分线损失电量不会太大。如该类配电线路日损失电量偏高，则考虑存在线损异常因素。

中联 K448 线为城市园区的一条配电线路，该线路线损率存在一定的波动，如图 1-8 所示，线损电量经常在 1500kWh 以上，如图 1-9 所示。由于该配电线路主要为高供高计用户供电，不应存在高额的损失电量，考虑存在线损异常因素。

序号	线路编号	线路名称	变电站名称	线损率(%)	损失电量(kWh)	输入电量(kWh)	输出电量(kWh)	售电量(kWh)
1	11M00000500658...	中联K448线	绍兴.中菱变	5.28	2,359.91	44,707.43	1,530.29	40,817.23

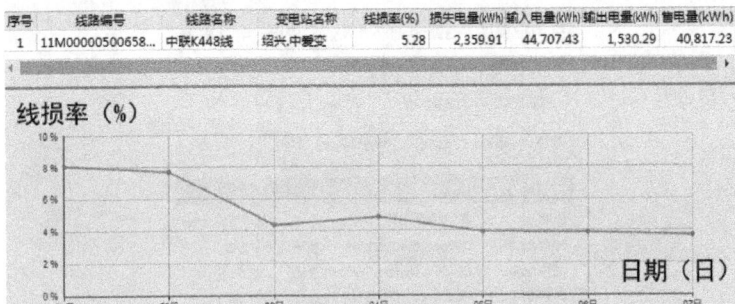

图 1-8 中联 K448 线分线线损区间图

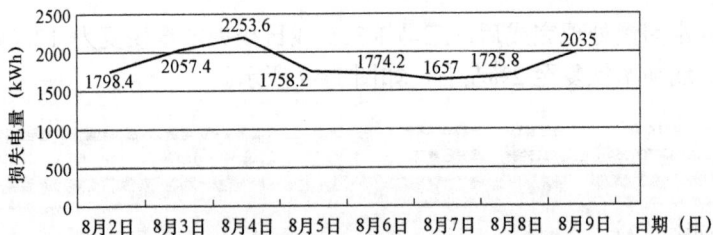

图 1-9 中联 K448 线分线线损损失电量曲线图

分线线损监测分析人员通过对中联 K448 线初步分析，关口和用户计量采集正常，关口模型配置正确，怀疑存在线变关系错误。随即下发任务单至线路责任班组，要求全面核查中联 K448 线。由于该线路多次为同杆双回路线路，且用户主要以高压用户为主，线变关系核查困难。通过责任班组多人多次摸排，发现中联 K448 线确实存在线变关系错误，其与同杆架设的阮黄 K002 线存在多个配电变压器线变关系对调。更正中联 K448 线线变关系后，线路损失电量降至 400kWh 左右，异常因素治理完成，线损率恢复正常，如图 1-10 所示。

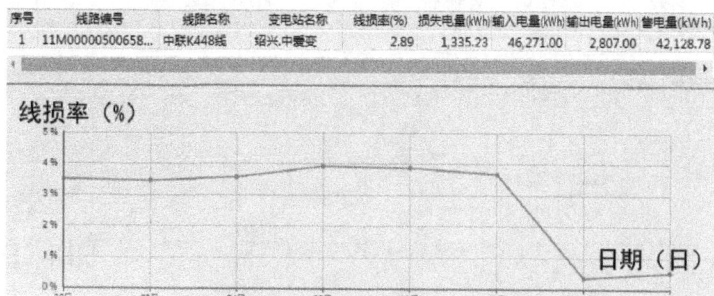

图 1-10 中联 K448 线异常治理后分线线损区间图

（3）以高供低计为主的配电线路损失电量偏低。

高供低计是指高压供电，在低压侧装置电流互感器进行计量。一般公共变压器台区采用高供低计的计量方式，分线线损计算时配电变压器损耗计入线损，所以一般日损失电量不会出现 0kWh 的情况。反之，该类线路出现损失电量为 0kWh 或微负损，则考虑存在线损异常因素。

塔东 K745 线为 26 公用配电变压器供电，其主干线路和部分分支线与塔剡 K746 线同杆架设。该线路损失电量在 500kWh 左右，线损率为 1%左右，如图 1-11 所示。

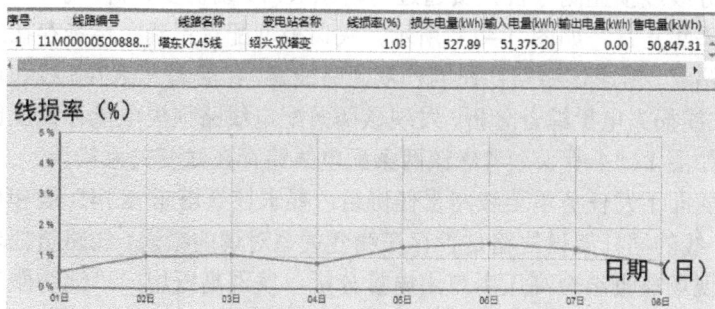

图 1-11 塔东 K745 线分线线损区间图

8月10日和11日，塔东K745线损失电量降为15.70kWh和－66kWh，线损率异常，如图1－12所示。虽在线损达标范围内，但该线路存在较多的高供低计用户，考虑存在线损异常因素。

序号	线路编号	线路名称	变电站名称	线损率(%)	损失电量(kWh)	输入电量(kWh)	输出电量(kWh)	售电量(kWh)
1	11M00000500888...	塔东K745线	绍兴双塔变	0.93	427.31	46,171.00	0.00	45,743.69

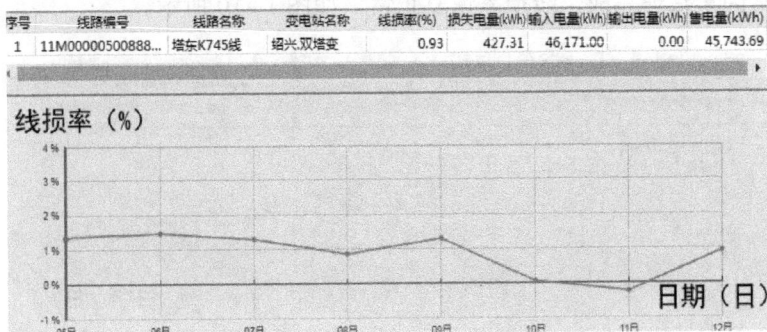

图1－12　塔东K745线微负损分线线损区间图

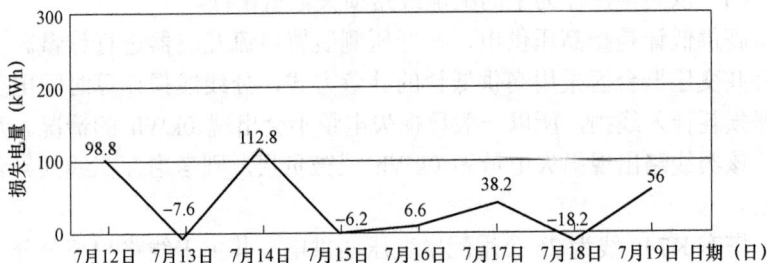

图1－13　塔东K745线分线线损损失电量曲线图

分线线损监测分析人员通过对塔东K745线初步分析，关口和用户计量采集正常，如图1－13所示，关口模型配置正确，怀疑存在线变关系错误。考虑该线路存在同杆双回路线路，结合塔东K745线和塔剡K746线损失电量综合分析，发现该两条配电线路损失电量存在反比现象，如图1－14所示，考虑该两条配电线路存在线变关系错误。

随即下发任务单至线路责任班组，要求核查塔东K745线和塔剡K746线的同杆架设线路是否存在线变关系对调的错误。线路责任班组经过现场核查结合高压用户用电量分析，发现高压用户"锦绣服饰"和"水立方休闲会所"存在线变关系对标的情况。

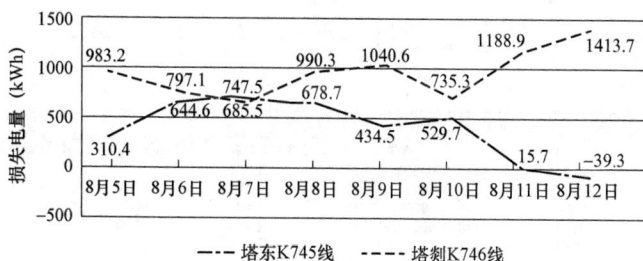

图 1-14 塔东 K745 线和塔剡 K746 线损失电量对比图

更正塔东 K745 线和塔剡 K746 线线变关系后，塔东 K745 线损失电量维持在 1000kWh 左右，线损率在 2% 左右，损失电量维持稳定，如图 1-15 所示。

序号	线路编号	线路名称	变电站名称	线损率(%)	损失电量(kWh)	输入电量(kWh)	输出电量(kWh)	售电量(kWh)
1	11M00000500888...	塔东K745线	绍兴.双塔变	1.82	912.21	50,100.40	0.00	49,188.19

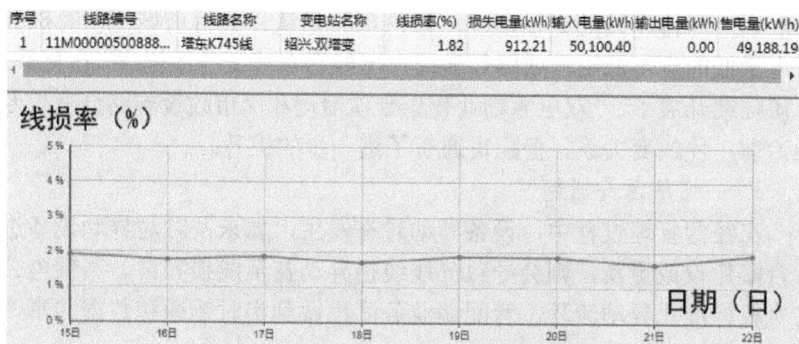

图 1-15 异常治理后分线线损区间图

2. 在电量变化前提前治理

排涝站等负荷特性存在季节性、时段性的变化，其在平常几乎没有用电量，即使线变关系错误也不能通过日线损监测分析发现异常。但在特殊时期，该类用户用电量会突然增加，导致分线线损出现异常，如图 1-16 所示。

台风总是裹挟大量雨水与浙江在夏季相遇，排涝站则会在大量雨水来临之际开始工作。某供电公司提前发动双电源排涝站线变关系专项治理。在专项治理过程中，发现了部分双电源或地理位置接近的排涝站计量点与线路的对应关系存在错误。在台风来临之前完成线变关系梳理，有效避免了排涝站临时用电带来的线损有效率冲击。

序号	日期	表号	正向加减关系	正向电量	正向上表度
1	2019-08-13	1481000000006917735	正向加	0.00	
2	2019-08-12	1481000000006917735	正向加	0.00	
3	2019-08-11	1481000000006917735	正向加	1240.00	
4	2019-08-10	1481000000006917735	正向加	9400.00	
5	2019-08-09	1481000000006917735	正向加	40.00	
6	2019-08-08	1481000000006917735	正向加	0.00	
7	2019-08-07	1481000000006917735	正向加	0.00	
8	2019-08-06	1481000000006917735	正向加	40.00	
9	2019-08-05	1481000000006917735	正向加	0.00	
10	2019-08-04	1481000000006917735	正向加	0.00	
11	2019-08-03	1481000000006917735	正向加	0.00	
12	2019-08-02	1481000000006917735	正向加	0.00	
13	2019-08-01	1481000000006917735	正向加	40.00	

图 1-16　排涝站用户电量变化图

通过对排涝站的专项治理，某供电公司认识到目前城区仍有部分用电量低的双电源用户或路灯变用户可能存在线变关系错误。在夏季，公司陆续开展了，"双电源物业变"专项治理和"市政设施路灯变"专项治理，使线变关系、营配贯通有了进一步的提升。

3. 一切从源头抓起

在经营管理过程中，设备异动时有发生，如未及时对异动设备进行台账建设或更新，则会导致分线线损异动甚至线损异常。某供电公司执行标准化异动流程，营配调业务流程做到实时畅通和数据共享，保障增量数据闭环管理。

分线线损治理过程中，高压用户的新增、割接和销户异动同步流程需营销、运检和供电所共同参与，如信息不畅通，容易导致异动不同步，数据更新不及时，引起营配不贯通。某供电公司建立高压用户卡片，通过流转高压用户卡片实现信息共享，如图 1-17 所示。高压用户新增、销户由营销部发起，接电后形成高压用户卡片流转至运检部，运检部确认信息后完成大馈线更新，之后将卡片发送至供电所完

户号：1732146718
户名：
受电设备：50kVA变压器一台
产权分界点：苍镇5096线楼盛支线33号杆跌落式熔断器下桩头电缆搭接处
建设类型：箱式变

图 1-17　高压用户卡片图

成现场确认和档案归档。高压用户割接由供电所发起，完成线变关系变更后形成高压用户卡片发送至运检部，运检部确认大馈线更正后，将卡片发送至营销部完成营配贯通闭环工作。

8月13日，营销部用电检查班新增某高压用户。上午用户接电后，营销部完成地理信息系统（Geographic Information System，GIS）设备台账更新，12点形成高压用户卡片发送至运检部；运检部完成工程生产管理系统（Power production Management System，PMS）更新，系统新增高压用户信息确认和大馈线更新如图 1-18 所示，将卡片发送至供电所；供电所接收卡片后，由线路设备主人确认高压用户信息的准确性，信息确认完成后完成归档。

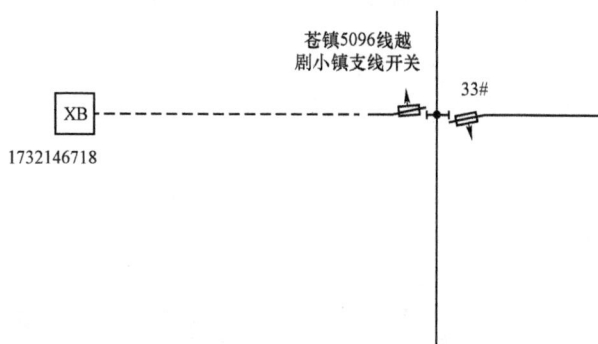

图 1-18　PMS 系统新增高压用户图

四、成效分析

某供电公司建立日线损台账表，通过"数据分析，专项治理，标准化流程"初步实现对部分线损异常因数的提前分析治理，使线损治理在异常发生之前。日均线损有效率在 2019 年 8 月提升至 98% 左右，有效实现了突破，如图 1-19 所示。

同时通过日线损台账表监测分析每日的线损电量波动，跟进营配贯通增量数据异动同步，巩固营配贯通成果。

如前丰 K301 线在 6 月 22 日新增某高压用户，该分线 22 日后出现线损率和损失电量上升的情况，27 日后线损率和损失电量下降，如图 1-20 所示。22~29 日的线损率和损失电量变化，非常直观地表现出增量高压用户，在 22 日未及时同步，在 27 日完成营配贯通同步工作。通过线损波动变化有效的监督了增量数据的异动通过流程。

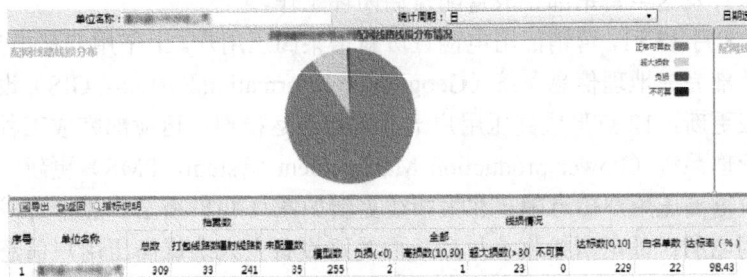

图 1-19 同期线损系统配电线路日监测分析图

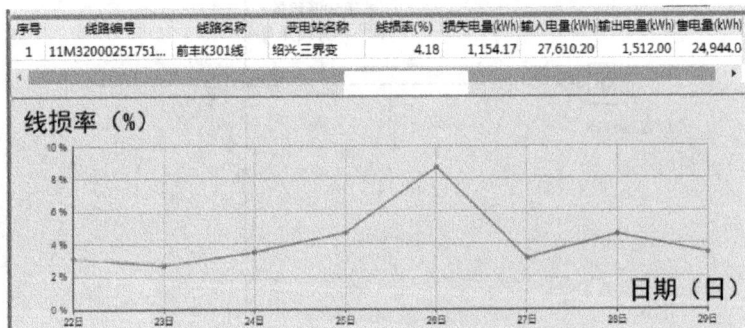

图 1-20 前丰 K301 线线损波动曲线图

案例二 "一看二算三查四治"分线负损做法

负损是指供电量与售电量之差为负值的现象。在实际生产运营过程中物理意义上的负损情况并不存在，排除计量表计误差及现阶段同期线损系统统计功能限制的情况下，一切在同期线损系统中计算的负损结果均为基础资料不完善或设备故障等原因。

浙江省电力有限公司认真落实国家电网有限公司泛在电力物联网建设要求，把治理负损作为2019年推进同期线损的重点工作，并倒排计划分解落实。某供电公司在省公司指导下，探索实践负损治理，在实际工作中积累了"一看二算三查四治"的分线负损做法，有效地推动同期线损监测治理试点工作，为推广全样板建设积累了一定的经验。

一、概况描述

该公司梳理出引起负损的"四大一小"五个原因：① 关口模型配置不规范；② 拓扑关系不正确；③ 供电关口采集失败；④ 大负荷转供未打包；⑤ 由表计计量不准确引起。上述五个原因错综复杂，造成线损治理过程中负损原因排查困难，严重影响负损治理效率。某供电公司梳理五类异常的表现形式，分析问题层层推进，总结出了一套"一看二算三查四治"的负损治理思路，实现负损原因快速分析，及时治理。

二、具体工作

"一看二算三查四治"是指看表计反向表底值，算更正线损率，分步开展全面核查，针对问题分类治理。

1. 看表计反向表底值

配电线路输入电量主要由三部分组成，变电站关口输入、联络关口输入和用户上网关口输入。在配电线路未发生负荷转供时，一般优先考虑变电站关口输入和用户上网关口输入是否正确完整。这其中由于线路割接、新增光伏设备或采集不稳定等因素影响，用户上网关口输入不完整为分线负损的一大主要原因。通过对用户上网电量统计过程分析，用户的上网电量通过表计的反向表底值采集实现计量，故可以利用同期线损系统中线路智能看板模块查看用户表计反向表底值是否完整，是否均在关口完成配置。

（1）反向表底值不完整。

以富乡 K565 线 2018 年 10 月 1 日线损为例，当日该分线线损为 −489.42kWh，线损率为 −2.41%。进入线路智能看板→电量明细中，发现部分台区反向表底值不完整，反向电量为 0。可以初步判定这些台区反向表底值采集失败，上网电量未参与计算，如图 1−21 所示。

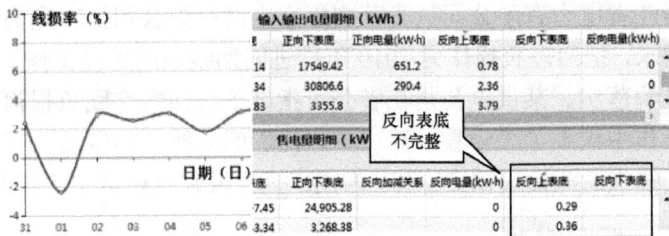

图 1−21　反向表底值不完整示意图

（2）输入关口配置不完整。

以江南 K891 线为例，在负损问题分析过程中，查询 2018 年 8 月 9 日配电线路日线损，线损电量为 −274.18kWh，线损率为 −1.47%，进入线路智能看板→电量明细中，发现其售电量明细中有一个高压用户存在反向表底值，反向上表底值为 117.03，反向下表底为 131.46。对比输入输出电量明细中，并没有该反向上表底和反向下表底，可以直接判断关口模型中并未配置该高压用户的分布式电源，导致线损计算过程中该用户的上网电量未参与计算，如图 1−22、图 1−23 所示。

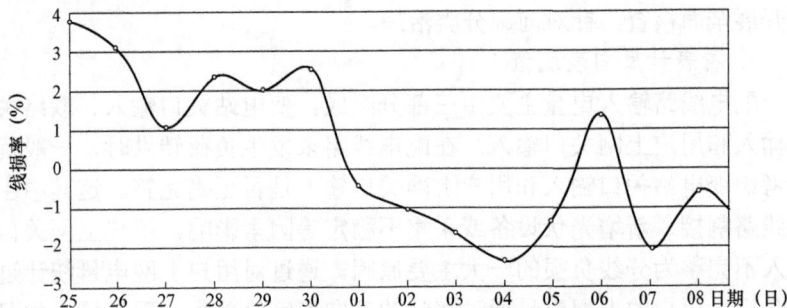

图 1−22　江南 K891 线分线线损率曲线图

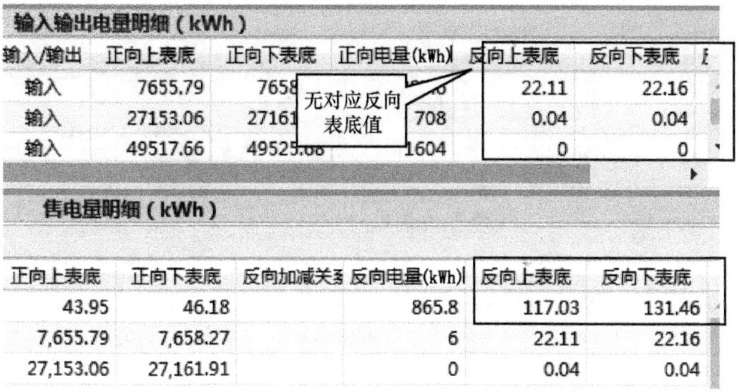

图1-23 上网关口未配置示意图

2. 算更正线损率

通过看反向表底值确认是否存在上网电量未统计造成输入电量不完整引起的负损。如果存在上述情况，确认反向电量未统计的用户，在用采系统中查询该用户的反向电量，通过计算公式计算更正后的线损率是否合格。如果合格则代表负损为上网电量未计算引起，采集问题与计量班协调，可不开展拓扑核查。

$$更正线损率 = \frac{损失电量 + 补入反向电量}{输入电量 + 补入反向电量}$$

以江南 K891 线为例，通过看反向表底值，发现高压用户 1731700359 存在反向表底值且完整，但输入输出电量明细中并没有对应反向表底值，说明该高压用户的分布式电源未配置。在营销系统中查询到该高压用户对应的发电户号为 1732141699。9 日的反向电量为 865.80kWh，如图 1-24 所示。计算更正线损率合格，可不开展拓扑核查，计算表如表 1-5 所示。

表 1-5 　　　　　　 江南 K891 线更正线损率计算表

线路名称	输入电量 （kWh）	损失电量（kWh）	补入反向电量 （kWh）	更正线损率
江南 K891 线	18 606.00	−274.18	865.80	3.04%

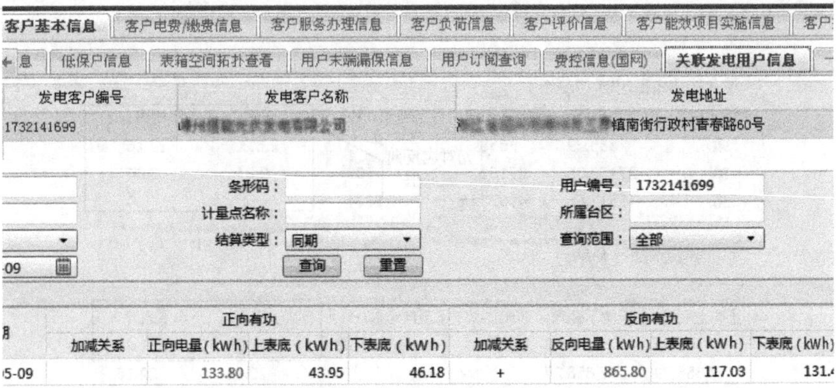

图 1-24　分布式电源查询图

注意：如果因用户反向表底值不完整引起输入电量不完整，可通过查询连续几日的反向电量估算其反向电量数值。如图 1-25 所示，可以估算该用户每日均有反向电量，日均反向电量为 1000kWh 以上，可以估算反向电量为 1000～3000kWh 之间。如果该线路平常均合格，负损日更正反向电量在 1000～3000kWh 之间均可视为合格，可不开展拓扑。

率	正向有功总电量	正向有功总电量	一尖电量	一峰电量	一平电量	一谷电量	反向有功总电量	牙
6		6	0	6	0	6	900	
0		0	0	0	0	0	1446	
0		0	0	0	0	0	2454	
0		0	0	0	0	0	4050	
	0							
	0							
12		0	0	6	0	0	1020	
18		0	0	6	0	12	558	
12		0	0	12	0	0	774	
12		0	0	6	0	6	834	
0		0	0	6	0	0	1056	
0		0	0	0	0	0	1398	

图 1-25　用电信息采集系统高压用户反向电量查询图

18

3. 查拓扑关系

在负损治理过程中如果通过"一看二算"未能完全排查出负损原因，则需进行全面核查。因为拓扑核查过程要线变关系逐条核查，需要消耗一定的人力和时间。通过"先查负荷转供、再查上网关口、接着查拓扑关系，最后查表计计量"由简至难，层层剖析，实现负损原因快速完整分析。

1）查负荷转供。负荷转供核查过程相对简单，可以先通过线损率曲线初步判断是否存在负荷转供，再询问设备主人该条线路是否由其他配电线路临时转供部分或全部负荷。如存在负荷转供可通过打包电量计算是否合格，如计算结果合格可不开展拓扑核查。计算公式如下：

$$打包线损率 = \frac{损失电量A + 损失电量B}{输入电量A + 输入电量B}$$

计算可得打包线损率如表 1-6 所示。

表1-6　　　　　　　　　打包线损率计算表

输入电量 A (kWh)	输入电量 B (kWh)	损失电量 A (kWh)	损失电量 B (kWh)	打包线损率
61 461.40	0.00	49 495.93	−47 896.20	2.60%

一般负荷转供的线损率曲线图及与之对应的曲线图如图 1-26 所示。

2）查上网关口。联系设备主人逐条核查小水电等全电上网的用户是否正确配置，可能存在线路割接后关口未及时手动更新的情况。如存在未配置的上网关口，可通过查询该用户的反向电量计算更正线损率，如更正后合格可不开展拓扑核查。一般上网关口未正确配置的线损率曲线图如图 1-27 所示。

3）查拓扑关系。在排除因负荷转供和上网关口配置不完整后，需逐条排查线变关系是否存在错误。先核查一体化系统和 PMS 系统的线变关系是否完全匹配，后通过电量比对分析找到疑是问题配电变压器，带着问题去现场核查，如未能完全排除则开展全面核查。

查同期线损系统和 PMS 系统线变关系是否完全匹配。部分配电变压器在 PMS 完成线变关系变更后，因为营配贯通工作未到位或系统间数据交互滞后导致同期线损系统未能及时更新线变关系，引起原配电线路线路计算结果负损。

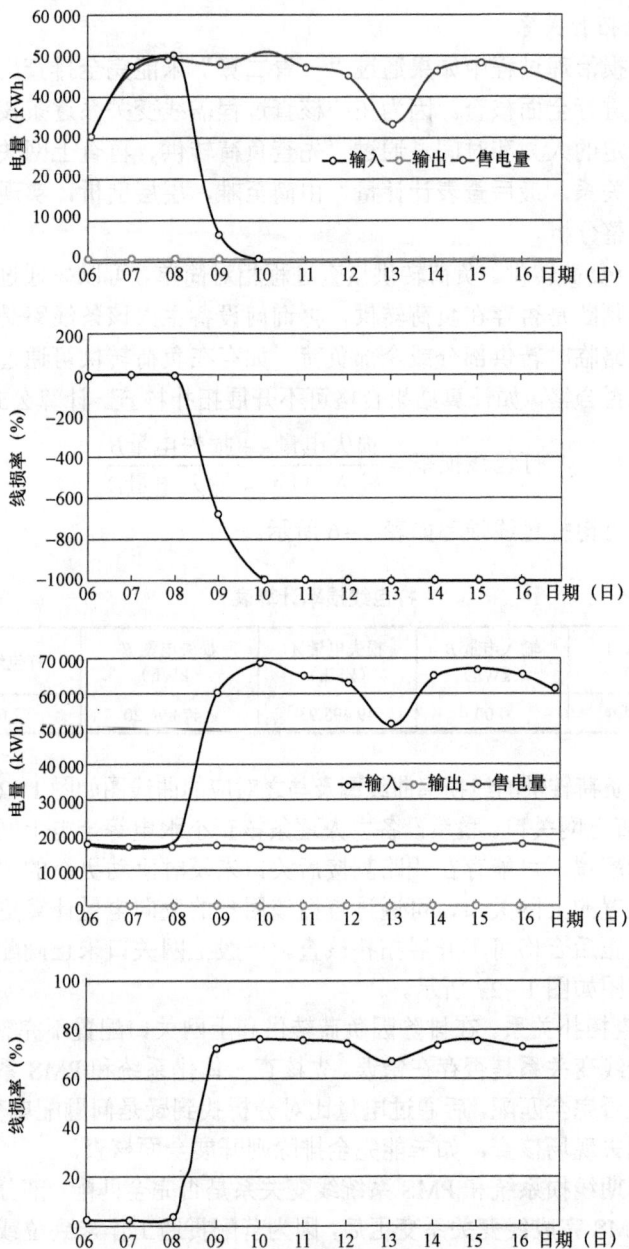

图 1-26 转供线路分线线损曲线图

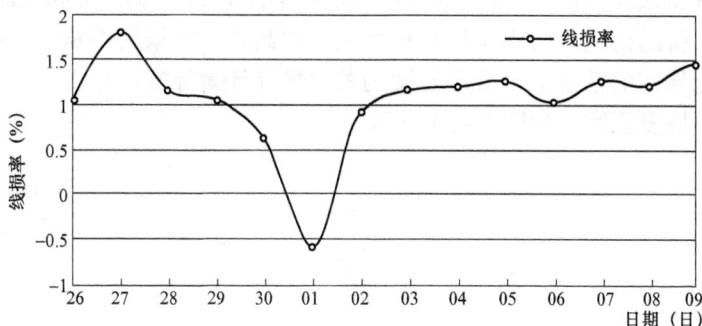

图 1-27　上网关口未配置线线损曲线图

分析比对线损正常日和线损负损日的线变关系,找出在这两日中电量波动较大的配电变压器,在现场核查过程中对该配电变压器进行重点分析,疑是问题配电变压器的售电量和分线线损率的表现如图 1-28 所示。

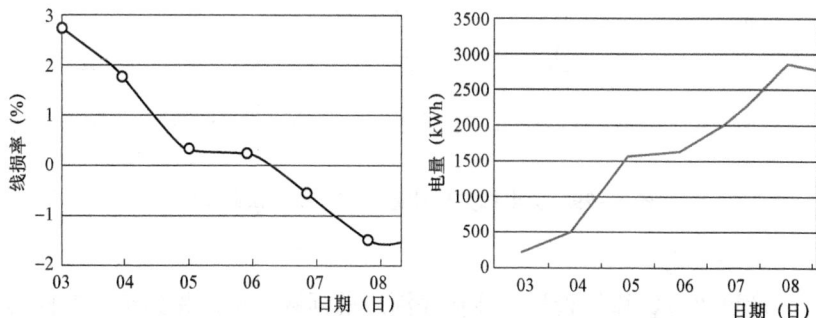

图 1-28　分线线损与错误配电变压器电量变化示意图

通知设备主人携分析结果和 PMS 图纸进行现场核查,如核查结果确实存在线变关系错误,在源端系统进行更正同时跟踪观察同期线损系统是否完成同步。

4)查表计计量。如用以上三种情况排查后线路仍存在负损,则考虑是否存在表计计量异常。该类问题存在情况极少,基本不做考虑,但在 2018 年治理过程中确有出现疑是该类异常。如关口表计电流互感器配置错误或表计计量结果异常。2018 年 11 月初，绿溪 K062 线在日线损合格的情况，突然出现负损后又出现高损，经采集质量和拓扑核查均无异常的情况下，合理怀疑为关口表计计量异常，更换关口表计后线损恢复正常，如图 1-29 所示。

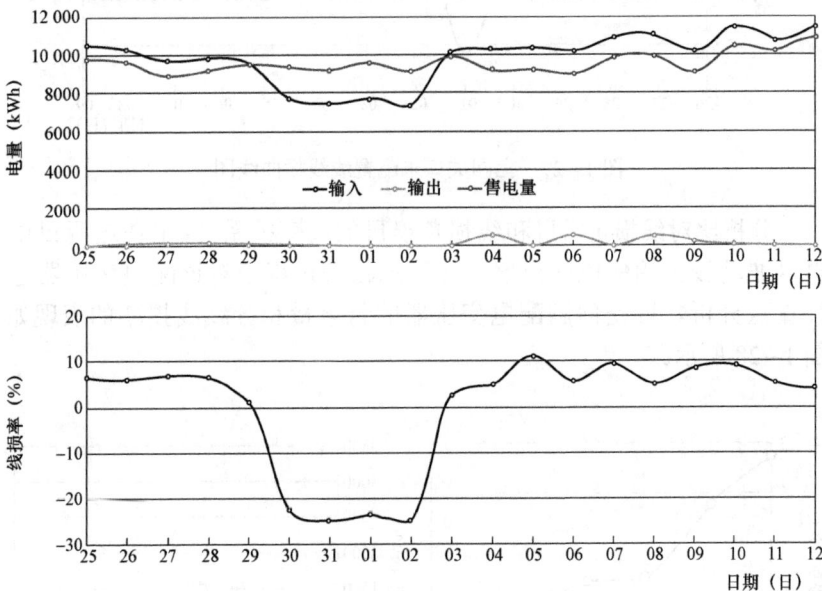

图 1-29　变电站关口计量异常分线线损曲线图

4. 治负损异常

通过"看、算、查"三步循序渐进的问题分析，将分析出的问题进行分类治理。采集异常有计量班和供电所优化采集；输入关口配置错误由线损专职完成配置；负荷转供由线损专职完成打包；拓扑错误由设备主人发起相应专职完成源端更正；计量异常由相应责任班组完成表计整改。

三、成效分析

某供电公司通过"一看二算三查四治"，负损线路实现"每日分析，每日治理，三日恢复"。负损线路从 2018 年 5 月的 27 条减少至 2019

年 1 月的 0 条，如图 1-30 所示。

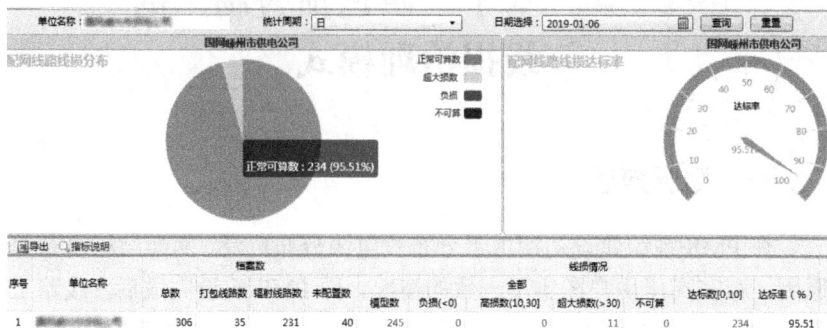

图 1-30　2019 年 1 月 6 日配电线路日监测分析图

案例三 基于"四色预警制"的线损治理模式

一、概况描述

在 PMS 系统建设初期由于分布式电源分布广泛、网架结构复杂等原因，存在高压用户图实不一致的情况，而 PMS 建设完成后，线路工程例如台区、线路的割接或新建等未能及时在 PMS 中进行准确维护，影响分线线损。为此，某供电公司创新分线线损治理机制，提出基于"四色预警制"的分线线损管理办法。

二、问题剖析

2018 年初，某供电公司 10kV 分线线损达标率在 60%～70%，尤其是在 3 月 10kV 分线线损达标率仅为 56.76%。在治理过程中发现部分线路存在重复分析、重复治理；部分异常线损未能及时处理，线路—台区对应关系一直未进行有效有计划地梳理；缺乏对 10kV 配电线路的线损异常情况进行分类汇总；各类异常处理的相关责任部门不明确。这些问题制约着"一线一分析一对策"的开展。

三、提升措施

1. 整改思路

"四色预警制"核心在于四色预警表，流程图如图 1-31 所示。绿色为日线损、月线损长期稳定合格；浅蓝为存在长期转供或临时转供引起的分线线损不合格；深蓝为已查明原因，优先解决；红色为原因未明确需全面核查，如图 1-32 所示。通过每天的监控分析更新明确每天每条配电线路的线损异常情况，有效跟踪管理异常线路处理进度，归类总结线损异常类型，辅助新线损异常的分析，做到"治理一条，归档一条"。

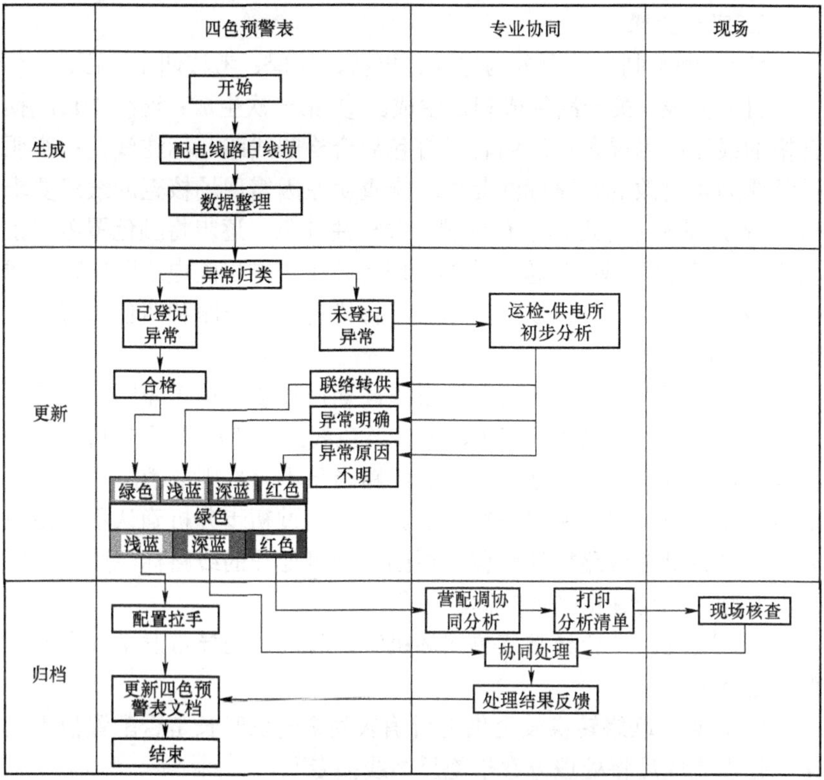

	四色预警表	专业协同	现场
生成	开始 → 配电线路日线损 → 数据整理		
更新	异常归类 → 已登记异常 / 未登记异常 → 合格 / 联络转供 / 异常明确 / 异常原因不明 → 绿色 浅蓝 深蓝 红色 → 绿色 → 浅蓝 深蓝 红色	运检-供电所初步分析	
归档	配置拉手 → 更新四色预警表文档 → 结束	营配调协同分析 → 打印分析清单 / 协同处理 → 处理结果反馈	现场核查

图1-31 四色预警辅助一线一策专项治理流程图

图1-32 四色预警表

2. 实施步骤

"四色预警制"主要分为生成、更新、处理、考核四个方面。

（1）生成。第一次生成和日生成。① 第一次生成：连续 7 日线损合格的线路标为绿色；联络转供打包后合格的线路，标注浅蓝；查明异常原因可整改的线路标注蓝色；未查明原因需现场核查的线路要求供电所 1 周内进行现场核查反馈，并标注红色。逐步将颜色覆盖每条线路。② 每日生成：运检部线损专职每日下午导出配电线路同期日线损，整理数据，确认日线损清单中不合格的配电线路和四色预警表中不合格的配电线路。

（2）更新。线损专职对配电线路同期日线损清单对照四色预警表进行匹配归类，四色预警表中浅蓝或蓝色线路如连续显示 7 日合格则将线路标注为绿色。其他原合格的线路当日不合格则取消颜色标注，由线损专职协同供电所再进行初步分析。通过初步分析确认不合格原因，临时转供的线路标注浅蓝，原因明确可处理的线路标注蓝色，原因不明确需现场逐步排查的标注红色。

（3）处理。结合异常工单闭环机制，将确认的异常发至各个责任部门进行处理。

1）浅蓝：联络转供发至供电所确认联络转供时长是否配置拉手线路，处理完成后将处理方案措施反馈线损专职。

2）蓝色：高压用户表计表底值缺失以异常工单形式发至计量班；关口表计表底值缺失以异常工单形式发至调度部门；台区割接、新增等运检 PMS 档案未及时更新以异常工单形式发至供电所；高压用户新增以异常工单形式发至营销；各责任部门在 24h 之内将处理方案和预计恢复时间反馈线损专职。

3）红色：由线损专职协同各部门通过协同会议或交流群对异常线路进行分析，打印线损分析清单发至相关责任部门进行协同处理，并由相关责任部门将处理方案和预估结果反馈线损专职。

（4）考核。线损专职将各部门不同的反馈结果在四色预警表中进行更新。同时线损专职结合考核要求，对进入处理流程的异常线路通过每日更新的四色预警表进行跟踪，如图 1-33 所示，并对超出考核期限的责任部门进行绩效考核。

11M0000806043528	珠琪K062线	长乐变	长乐	传统查线路		待核查线路	售电量未见明显波动，窃电量有明显波动，差损值未缺少；供电所需现场核查小水电计量装置是否异常，调度对关口表计进行检测排查。
11M00000501573087	黎镇K247线	甘霖变	甘霖	流程中	PMS	PMS更新不及时	甘霖镇20、26号公变PMS未在当天完成增容，已发现问题，在2日内整改完成。
11M00000501415010	艇北5162线	城关变	市郊	待处理	PMS	线变关系错误	上改下施工，临时转供，还有用户割接，由于本次施工涉及上改下的线路较多，需在10个工作日才能完成PMS更新。

图 1-33　四色预警表档案更新

四、应用成效

某供电公司应用"四色预警制"后，线损治理变得条理清晰，实现线损异常的闭环管理。线损治理过程基本实现线损治理重点突出，从易到难，差异处理，不拖沓、不冒进，实行"一线一分析一对策"，努力完成"治理一条，合格一条"的目标。某供电公司线损达标率逐步提升，2018 年 4 月合格率 54.98%，10 月合格率 91.75%，截至 2018 年 12 月，日均分线线损指标稳定在 95%以上。

案例四 智能开关辅助线损治理典型做法

一、背景介绍

某地素有"七山一水二分田"的说法，地形以山地丘陵为主，居民居住分散。某供电公司所辖区域内有 265 条配电线路，有相当一部分线路受当地地形影响，供电半径大，挂接配电多，线路长度长；而老城区电缆线路缺乏准确的线路走向资料。该类线路的线损缺陷分析中，如对整条线路逐台分析核对存在耗时长、缺陷分析不精确等问题，且对线损治理和通过线损指导投资策略存在一定的影响。金庭 5086 线线路长度 36.996 7km，供电半径 10.4km，有 4 条大分支线，多条小分支线，导线型号以 JKLYJ–185 为主，PMS 中挂接 30 台专用变压器，48 台公共变压器，线路线损长期维持在 7%～8% 之间，如图 1–34 所示，日损失电量长期维持在 2000kWh 以上。

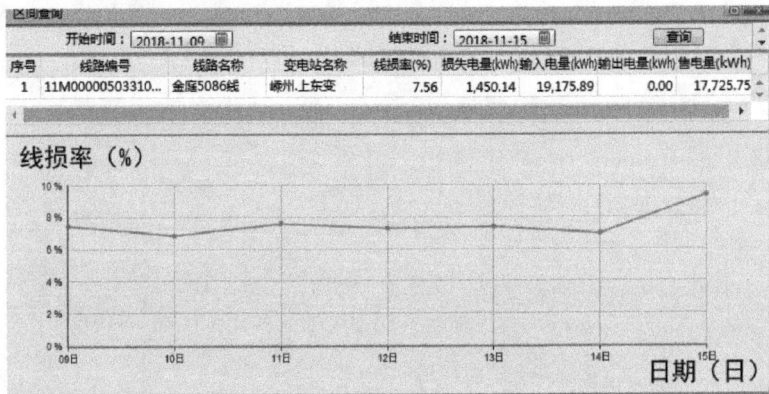

图 1–34　金庭 5086 线治理前一体化系统线损率

二、问题剖析

某供电公司通过对金庭 5086 线初步分析，认为导线型号以 JKLYJ–185 为主的情况下不应该有这么高线路损耗，与其他同类型线路比较线损高出 3%~4%左右。随即运检部要求供电所设备主人对金庭 5086 线进行分析。设备主人通过配电变压器名称核对 PMS 的线变关系，并未发现异常，如对金庭 5086 线到现场进行逐台核对费时费力。随即设备主人利用智能开关电量采集对金庭 5086 线进行分段分析，用以排除非异常分段和定位异常分段。

三、提升措施

1. 整改思路

金庭 5086 线安装有 6 个智能开关，分别为孝康支线 0 号杆智能开关、金庭 5086 线 140 号杆智能开关、灵鹅 A 台支线 0 号杆智能开关、石岭山支线 0 号杆智能开关、彭里湾支线 0 号杆智能开关和东升支线 0 号杆智能开关。智能开光将金庭 5086 线分为几个部分，利用智能开关的电量计量和远程采集进行分段分析。

2. 实施步骤

（1）利用现有 PMS 图形，确认智能开关的安装位置，并确认现有的线变关系。如图 1-35 所示，孝康支线 0 号杆智能开关安装在金庭

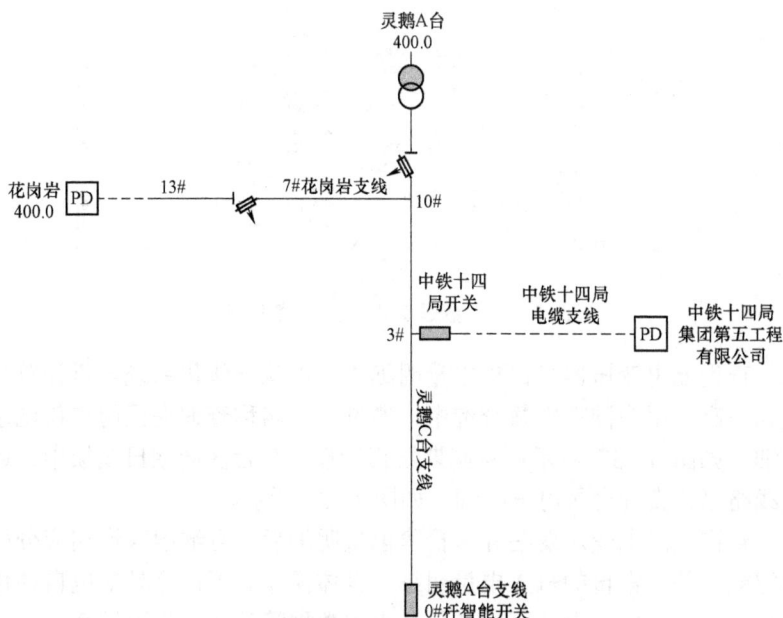

图 1-35　金庭 5086 线灵鹅 A 台支线 PMS 单线图

5086 线孝康支线 0 号杆上，孝康支线挂接有 7 台公共变压器。灵鹅 A 台支线 0 号杆开关安装在金庭 5086 线灵鹅 A 台支线 0 号杆上，灵鹅 A 台支线挂接有 2 台专用变压器和 1 台公共变压器。

（2）确认线损异常日相关配电变压器的售电量和智能开关当日的电量。配电变压器的售电量可通过一体化系统查询：同期线损管理→配电线路同期日线损→查询金庭 5086 线→点击售电量明细→导出该线路下所有配电变压器的当日售电量明细，如图 1-36 所示。

线损分析	电量明细	异常明细							
输入输出电量周期（kWh）									
序号	计量点名称	计量点编号	倍率	输入/输出	正向上表底	正向下表底	正向电量(k\	反向上表底	反向下表底	反向电量(k\
1	赛家村001	0002303...	40	输入	11505.27	11519.24	558.8			
2	茶草湾001	0002303...	120	输入	483.76	486.47	325.2			
3	茶草湾001	0002303...	120	输入	483.76	486.47	325.2			
	茶草湾001	0002303...		输入			325.2			

售电量明细（kWh）									
导出									
序号	用户/台区名称	用户/台区编号	表号	出厂编号	资产编号	配变类型	倍率	正向加减	正向电量(k\ 正
1		1731388215	142399698415	0107320...	0107320...	高压用户	1	01	62.68 8
2		1731396089	14810000001474...	0001000...	0001000...	高压用户	1	01	2.22
3		1731425274	14810000000691...	0116079...	0116079...	高压用户	400	01	184
4		1731425481	142402878974	0107316...	0107316...	高压用户	1	01	33.68 6
5		1731414945	14810000000691...	0116079...	0116079...	高压用户	400	01	148
6		1731438663	14810000000948...	0001000...	0001000...	高压用户	60	01	165
7		1731418253	141206226238	0004168...	0004168...	高压用户	60	01	112.8
8		1731800074	14810000000470...	0001000...	0001000...	高压用户	1	01	3.69 1
9	城市（镇）亭乐业有限	1731800375	14810000001215...	0001000...	0001000...	高压用户	80	01	810.4 1
10		1731443047	142049399025	0012271...	0012271...	高压用户	20	01	731.4 1
11		1731443078	142049399738	0012271...	0012271...	高压用户	40	01	101.6
12		1731800396	14810000001932...	0001001...	0001001...	高压用户	20	01	279.2
13		1731800040	14810000000470...	0001000...	0001000...	高压用户	1	01	0.22 6
14		1731800487	141206202034	0004019...	0004019...	高压用户	20	01	15.4
15		1731800498	14810000001539...	0001000...	0001000...	高压用户	20	01	221.2 1
16		1732000276	142049399155	0012271...	0012271...	高压用户	20	01	0.2
17		1732011283	141206201671	0004018...	0004018...	高压用户	20	01	23.2
18		1731000016	141379313971		0008928...	高压用户	200	01	0
19		1731000011	141379314026			高压用户	200	01	0
20		1732021422	14810000000682...	0116076...	0116076...	高压用户	20	01	11.8
21		1731000012	141592839759		0009573...	高压用户	200	01	0

图 1-36　金庭 5086 线售电量明细

查询配电变压器当日售电量明细也可以从一体化系统电量计算与统计→高压用户同期电量查询中，通过线路名称查询高压用户售电量明细，如图 1-37 所示；从同期线损管理→分台区同期日线损中，通过线路名称查询台区电量明细，如图 1-38 所示。

查询完配电变压器在异常日售电量明细后，可继续查询相应分段的智能开关异常日的输入电量明细。具体操作如下：登录配电自动化主站系统→点击右上角下拉菜单→点击数据管理→点击数据查询→点击单设备数据查询，打开单设备数据查询界面，如图 1–39 所示。

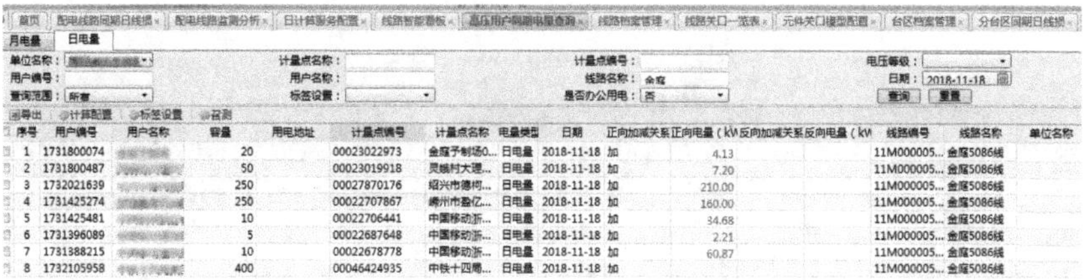

序号	用户编号	用户名称	容量	用电地址	计量点编号	计量点名称	电量类型	日期	正向加减关系	正向电量（kW	反向加减关系	反向电量（kW	线路编号	线路名称	单位名称
1	1731800074		20		00023022973	金庭予制场0...	日电量	2018-11-18	加	4.13			11M000005...	金庭5086线	
2	1731800487		50		00023019918	灵峨村大理...	日电量	2018-11-18	加	7.20			11M000005...	金庭5086线	
3	1732021639		250		00027870176	绍兴市德柯...	日电量	2018-11-18	加	210.00			11M000005...	金庭5086线	
4	1731425274		250		00022707867	嵊州市盈亿...	日电量	2018-11-18	加	160.00			11M000005...	金庭5086线	
5	1731425481		10		00022706441	中国移动浙...	日电量	2018-11-18	加	34.68			11M000005...	金庭5086线	
6	1731396089		5		00022687648	中国移动浙...	日电量	2018-11-18	加	2.21			11M000005...	金庭5086线	
7	1731388215		10		00022678778	中国移动浙...	日电量	2018-11-18	加	60.87			11M000005...	金庭5086线	
8	1732105958		400		00046424935	中铁十四局...	日电量	2018-11-18	加				11M000005...	金庭5086线	

图 1–37　高压用户同期电量查询

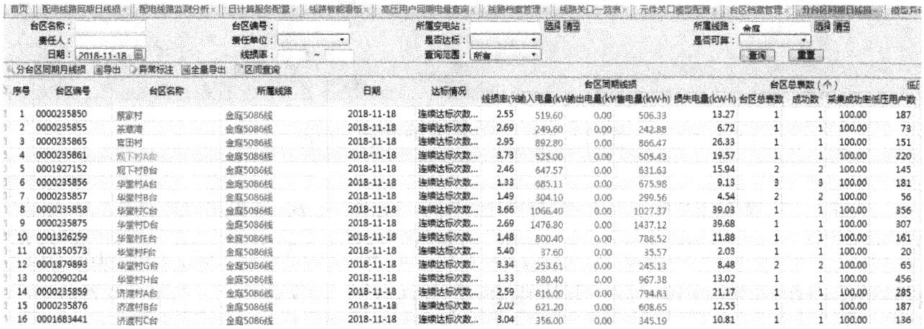

序号	台区编号	台区名称	所属线路	日期	达标情况	台区同期线损 线损率(%)	输入电量(kW	输出电量(kW	售电量(kW·h)	损失电量(kW·h)	台区总表数（个） 台区总表数	成功数	采集成功率	低压用户数
1	0000235850	蔡家村	金庭5086线	2018-11-18	连续达标次数...	2.55	519.60	0.00	506.33	13.27	1	1	100.00	187
2	0000235855	茶蓬湾	金庭5086线	2018-11-18	连续达标次数...	2.69	249.60	0.00	242.88	6.72	1	1	100.00	73
3	0000235865	官田村	金庭5086线	2018-11-18	连续达标次数...	2.95	892.80	0.00	866.47	26.33	1	1	100.00	151
4	0000235861	观下村A台	金庭5086线	2018-11-18	连续达标次数...	3.73	525.00	0.00	505.43	19.57	1	1	100.00	220
5	0001927152	观下村B台	金庭5086线	2018-11-18	连续达标次数...	2.46	647.57	0.00	631.63	15.94	2	2	100.00	145
6	0000235856	华堂村A台	金庭5086线	2018-11-18	连续达标次数...	1.33	685.11	0.00	675.98	9.13	3	3	100.00	181
7	0000235857	华堂村B台	金庭5086线	2018-11-18	连续达标次数...	1.49	304.10	0.00	299.56	4.54	2	2	100.00	56
8	0000235858	华堂村C台	金庭5086线	2018-11-18	连续达标次数...	3.66	1066.40	0.00	1027.37	39.03	1	1	100.00	356
9	0000235875	华堂村D台	金庭5086线	2018-11-18	连续达标次数...	2.69	1476.80	0.00	1437.12	39.68	1	1	100.00	307
10	0001326259	华堂村E台	金庭5086线	2018-11-18	连续达标次数...	1.48	800.40	0.00	788.52	11.88	1	1	100.00	161
11	0001350573	华堂村F台	金庭5086线	2018-11-18	连续达标次数...	5.40	37.60	0.00	35.57	2.03	1	1	100.00	20
12	0001879893	华堂村G台	金庭5086线	2018-11-18	连续达标次数...	3.34	253.61	0.00	245.13	8.48	2	2	100.00	65
13	0002090204	华堂村H台	金庭5086线	2018-11-18	连续达标次数...	1.33	980.40	0.00	967.38	13.02	1	1	100.00	456
14	0000235859	济渡村A台	金庭5086线	2018-11-18	连续达标次数...	2.59	816.00	0.00	794.83	21.17	1	1	100.00	285
15	0000235876	济渡村B台	金庭5086线	2018-11-18	连续达标次数...	2.02	621.20	0.00	608.65	12.55	1	1	100.00	187
16	0001683441	济渡村C台	金庭5086线	2018-11-18	连续达标次数...	3.04	356.00	0.00	345.19	10.81	1	1	100.00	136

图 1–38　分台区同期日线损

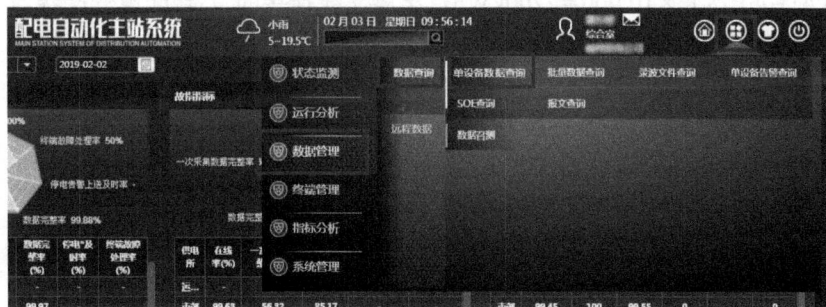

图 1–39　进入单设备数据查询界面

进入界面后点击左侧中间▌图标，打开设备导航菜单：查询→二次设备→输入智能开关逻辑地址→双击选择查询出来的智能开关→输入查询日期→点击查询，可得到相应智能开关当日的负荷数据，通过导出或记录负荷数据中零点的正向有功总电能和反向有功总电能可以计算出流经电量，如图 1—40 所示。

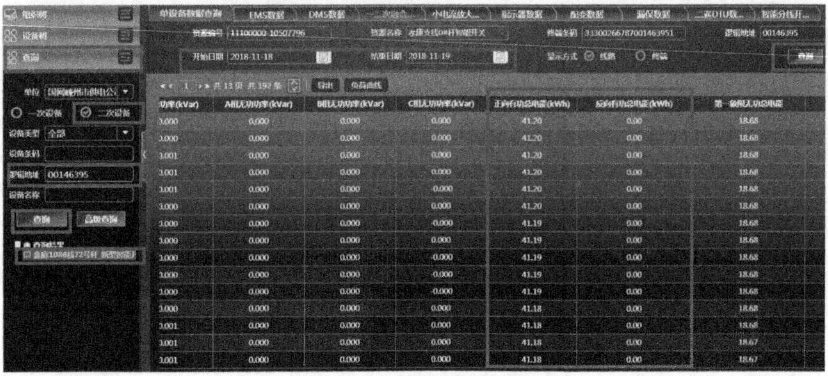

图 1—40　智能开关数据查询

（3）计算智能开关分段内的线损。设备主人查询孝康支线 0 号杆智能开关 18 日零点正向有功总电能为 40.78kWh，反向有功总电能 0kWh；19 日零点正向有功总电能为 41kWh，反向有功总电能 0kWh。根据孝康支线 0 号杆智能开关的电流互感器变比可以计算出倍率为 10 000。得出 18 日流经孝康支线 0 号杆智能开关的总电量为（41−40.78）×10 000=2200kWh。孝康支线挂接的 7 台配电变压器当日电量总和为 2107.4kWh。计算损失电量为 92.6kWh，考虑线路损耗和计量精度（智能开关倍率为 10 000，计量精度只能到 100kWh；而终端计量精度为 0.1kWh。故考虑损失电量在−100～100kWh 范围内均有可能为计量精度引起的误差），基本可以排除该分段存在线损缺陷。依次类推，设备主人对金庭 5086 线 140 号杆智能开关、灵鹅 A 台支线 0 号杆智能开关、石岭山支线 0 号杆智能开关、彭里湾支线 0 号杆智能开关和东升支线 0 号杆智能开关及其挂接配电变压器进行电量计算，分别排除了金庭 5086 线 140 号杆后段以及石岭山支线、彭里湾支线和东升支线的线损缺陷的可能性。而且在排查过程中发现灵鹅 A 台支线存在线损缺陷，其当日流经灵鹅 A 台支线 0 号杆智能开关的电量为 1600kWh，而灵鹅 A 台支线挂接的 3 台配电变压器电量总和为

480.2kWh，损失电量到达 1119.8kWh，基本可以确认该分段存在线损缺陷。

（4）分析排查线损缺陷并处理。设备主人根据分段线损分析结果对灵鹅 A 台支线进行随线逐台排查，发现灵鹅 A 台支线下挂接的配电变压器中铁十四局集团第五工程有限公司户号错误。设备主人记录完正确户号后回到供电所，查询正确户号的日电量为 1160kWh，如图 1-41 所示。加上该电量后，该分段线损为-30.2kWh，考虑计量精度因素，损失电量为正常值。确认线损缺陷为线变关系错误，PMS 运维人员在 PMS 系统进行了更正。

图 1-41　智能开关数据查询

四、实际成效

金庭 5086 线经过线变关系调整后，线损率恢复 4%左右，损失电量在 1000kWh 附近波动，如图 1-42 所示。

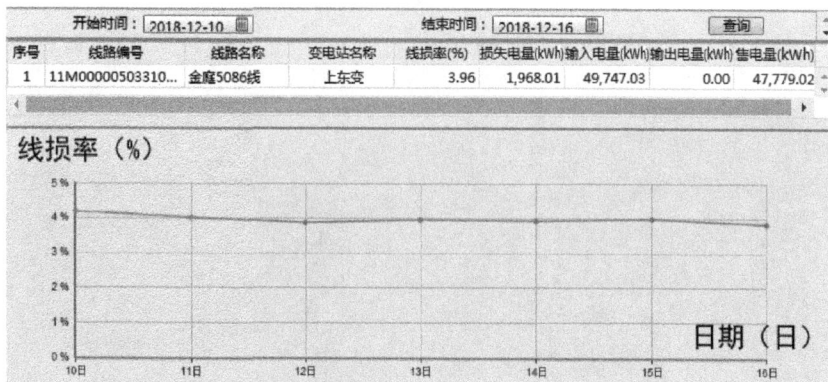

图 1-42　金庭 5086 线治理后一体化系统线损率

智能开关的分段分析不仅能快速发现档案错误引起的线损异常，

也能快速定位因为窃电引起的线损，还能通过智能正向、反向有功总电能准确分析联络转供，亦能发现配电线路中因运行不佳引起线损过大的分段。

　　某供电公司通过合理利用智能开关可计量、可采集的特点，将配电线路分解成若干部分进行分段分析，快速排除非异常线段，定位异常线段，有效减少了人力、时间的投入。

案例五 同期线损监测精准定位计量失真

电能表是用来测量电能的仪表。用户侧的电能表用于计量用户受电电量。电能表计量的准确性关系着电费能否准确回收，直接影响着电网运营的经济效益。在生产经营过程中及时发现电能表计量异常则有效防止资产流失。

一、概况描述

智能电能表的普及覆盖使高低压用户的用电量实现了日采集。但在同期线损建设前，面对海量的采集数据，缺乏有效的分析手段用于数据归类分析，采集仅仅是用于采集，数据价值有待进一步开发。随着电力物联网的建设发展，数据价值挖掘得到了有效的开展。同期线损监测整合了电量数据，通过线损对电量数据开展进一步分析。

在生产运营过程中，某供电公司通过对同一配电线路不同日期的线损和用户电量比对精准定位计量失真，查漏补缺，有效避免资产流失。

二、情况分析

1. 发现问题

正世 K013 线是一条公用线路，包括 1 台专用变压器和 6 台公共变压器。线损专职在 2018 年 12 月 7 日日常线损数据分析中发现 12 月 4 日 10kV 配电线路正世 K013 线线损出现高损，损失电量高达 3640.52kWh，线损率达到 28.09%。继续观察分析日均线损发现正世 K013 线在 12 月 4 日前线损正常，线损率波动范围在 1.5%～3%，如图 1-43 所示。

2. 问题剖析

线损专职通过比对正世 K013 线 12 月 3 日和 12 月 4 日的输入输出模型和售电用户档案，确认档案无异常。在通过比对两日的输入电量、输出电量和售电量明细，发现高压用户"正浩资产管理有限公司"售电量存在较大波动，该用户售电量由原来的 8700kWh 降为 5040kWh，如图 1-44 所示，怀疑电量数据存在异常。随即开展数据的进一步比对分析。

输入输出合计（kW/h）

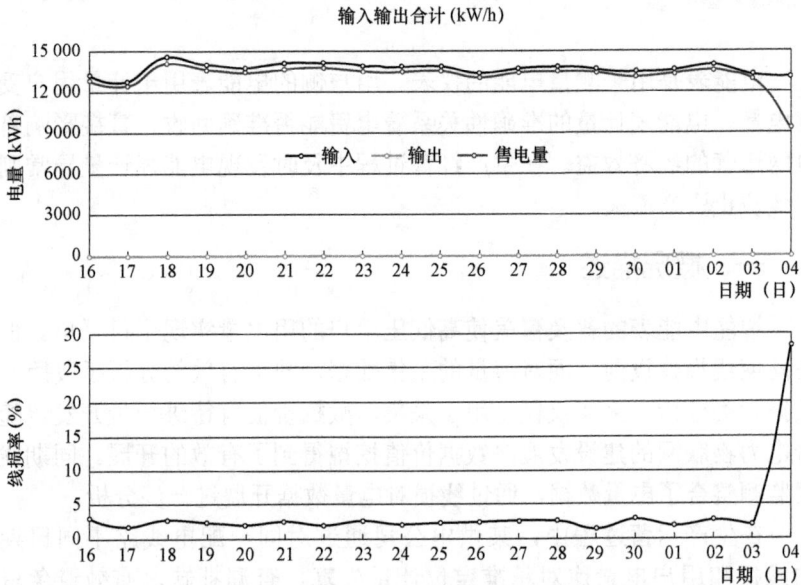

图 1-43　2018 年 12 月 4 日日线损率情况

用户编号	用户名称	容量	用电地址	计量点编号	计量点名称	电量类型	日期	正向加减关系	正向电量（kWh）
1732071610		5200		00040809811		日电量	2018-12-03	加	8700.00

用户编号	用户名称	容量	用电地址	计量点编号	计量点名称	电量类型	日期	正向加减关系	正向电量（kWh）
1732071610		5200		00040809811		日电量	2018-12-04	加	5040.00

图 1-44　正浩资产管理有限公司售电量对比

表 1-7　　　　　　　线损损失电量和用户售电量比对表

	12 月 1 日	12 月 2 日	12 月 3 日	12 月 4 日
用户售电电量（kWh）	8880	9000	8700	5040
线路损失电量（kWh）	258	380	286	3432

　　通过 1～4 日的数据比对分析，如表 1-7 所示，进一步怀疑该用户存在计量异常的问题。而后线损专职利用用电采集系统分析该高压用户的用电特性，发现该用户用电量一直维持在 8500～9000kWh 之间，

不受特殊节日和天气影响，而 12 月 4 日后用电量急剧降低，12 月 6 日用电量仅为 3360kWh，如图 1-45 所示。对其负荷数据查询分析发现该用户在 12 月 4 日上午 10：30 后 C 相电流下降，截至 12 月 6 日电流已经降至 0.12A，如图 1-46 所示。分析判定正世 K013 线高损可能由高压用户"正浩资产管理有限公司表计"未正确计量引起。

日期	局号(终端/表计)	受电容量(kVA)	CT	PT	表计自身倍率	正向有功总电量	正向有功总电量
2018-12-06	33403010209000957441941(表计)	5200	60	100	1	3360	
2018-12-05	33403010209000957441941(表计)	5200	60	100	1	3660	
2018-12-04	33403010209000957441941(表计)	5200	60	100	1	5040	
2018-12-03	33403010209000957441941(表计)	5200	60	100	1	8700	
2018-12-02	33403010209000957441941(表计)	5200	60	100	1	9000	
2018-12-01	33403010209000957441941(表计)	5200	60	100	1	8880	
2018-11-30	33403010209000957441941(表计)	5200	60	100	1	8700	
2018-11-29	33403010209000957441941(表计)	5200	60	100	1	8880	
2018-11-28	33403010209000957441941(表计)	5200	60	100	1	8820	
2018-11-27	33403010209000957441941(表计)	5200	60	100	1	8820	
2018-11-26	33403010209000957441941(表计)	5200	60	100	1	8520	
2018-11-25	33403010209000957441941(表计)	5200	60	100	1	8940	
2018-11-24	33403010209000957441941(表计)	5200	60	100	1	8940	
2018-11-23	33403010209000957441941(表计)	5200	60	100	1	8820	
2018-11-22	33403010209000957441941(表计)	5200	60	100	1	9000	
2018-11-21	33403010209000957441941(表计)	5200	60	100	1	9000	
2018-11-20	33403010209000957441941(表计)	5200	60	100	1	8820	

图 1-45　正浩资产管理有限公司用电量分析

2018-12-04 13:00:00	33403010209000957441941(表计)	162.4	178.2	25.2	0	0.18	10260	0
2018-12-04 12:45:00	33403010209000957441941(表计)	192	197.4	26.76	0	0.18	10250	0
2018-12-04 12:30:00	33403010209000957441941(表计)	214.2	208.8	29.46	0	0.18	10300	0
2018-12-04 12:15:00	33403010209000957441941(表计)	208.2	190.8	27.54	0	0.18	10320	0
2018-12-04 12:00:00	33403010209000957441941(表计)	76.2	18.6	4.14	0	4.62	10370	0
2018-12-04 11:45:00	33403010209000957441941(表计)	78	19.8	4.2	0	4.88	10420	0
2018-12-04 11:30:00	33403010209000957441941(表计)	73.2	18	4.14	0	4.62	10430	0
2018-12-04 11:15:00	33403010209000957441941(表计)	86.2	30.6	5.22	0	5.34	10290	0
2018-12-04 11:00:00	33403010209000957441941(表计)	83.4	39.6	4.92	0	5.52	10310	0
2018-12-04 10:45:00	33403010209000957441941(表计)	92.4	55.8	5.46	0	4.62	10290	0
2018-12-04 10:30:00	33403010209000957441941(表计)	424.2	118.2	24.54	0	25.5	10230	0
2018-12-04 10:15:00	33403010209000957441941(表计)	423.8	119.4	23.7	0	25.98	10200	0
2018-12-04 10:00:00	33403010209000957441941(表计)	410.4	124.2	23.34	0	25.44	10230	0
2018-12-04 09:45:00	33403010209000957441941(表计)	448.8	122.4	26.4	0	27.78	10230	0
2018-12-04 09:30:00	33403010209000957441941(表计)					27.08	10230	0

图 1-46　正浩资产管理有限公司负荷数据分析

3. 问题处理

线损专职通过同期线损监测分析后，将分析结果以工作联系单形式发至营销部计量班，并通过电话联系计量班成员。计量班成员接收

信息后，怀疑为表计缺相，随即安排人员进行现场确认。计量班成员
到达现场后，发现表计计量确有异常，如图 1-47 所示。

图 1-47　电能表缺相

异常处理后，继续观察正世 K013 线数日，线损在 8 日恢复正常，
如图 1-48 所示。

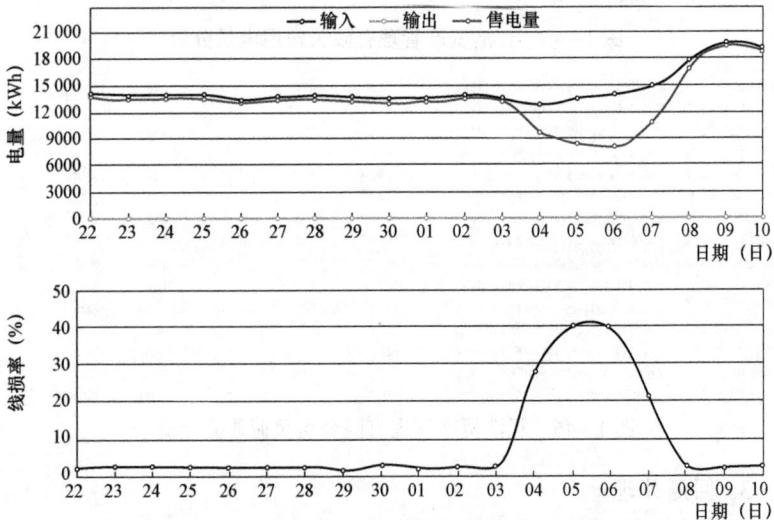

图 1-48　正世 K013 线计量异常恢复后日线损线损情况

三、成效分析

通过同期线损监测应用,某供电公司还发现了西前 K843 线高压用户"新康机械有限公司"的电能表在配电线路失电复电后未能通电导致计量缺失、剡雅 K249 线高压用户"越丰房地产开发有限公司"表计缺相和前岩 K308 线小水电用户"水利水电发展有限公司下岙电站"表计线路故障等各类售电和购电侧计量失真的情况,及时发现,精准定位,有效避免资产进一步流失。

案例六 利用智能开关辅助 高损异常排查分析

一、概况描述

浦桥 K876 线起始站为 110kV 中宅变电站，线路拥有 20 台公共变压器和 5 台专用变压器，拥有 5 个联络开关，分别与中江 K898 线、小砩 K896 线、大洋 K897 线、江夏 K895 线和蛟镇 K234 线联络。线路智能开关安装方面，浦桥 K876 线 22 号杆已安装智能开关"浦桥 K1022 开关"，联络开关正在计划安装智能开关。

浦桥 K876 线主线 1～95 号杆与大洋 K897 线主线 1～95 号杆同杆架设；分支线桥镇联络支线 1 号杆—蛟镇 K234 线镇桥联络支线 65 号杆与大洋 K897 线洋二联络支线 1 号杆—蛟二 K239 线二洋联络支线 65 号杆同杆架设。

二、异常分析

2018 年 8 月，国家电网有限公司在同期线损监测视频会议中提到对模型异常数据的核查整改。某供电公司在会议结束后立即开展数据自查，仅发现浦桥 K876 线存在输入侧配置台区正向减符合"某线路在输入侧配置某高压用户且为正向减，同时线路售电量也存在该户，且为相同电量参与计算，且不是双电源用户"的模型异常情况。经过调查分析，该模型异常为运维人员配置台区分布式电源时，意外操作错误引起，非有意为之。

运维人员纠正浦桥 K876 线模型后，通过手工计算更正线损，发现线损率上升至 7%左右，损失电量为 1500～1800kWh。考虑浦桥 K876 线线路运行情况良好，供电负荷均衡，一般线损率不超过 5%，损失电量应该不会超过 1000kWh，考虑分线线损存在异常。

三、异常排查及处理

（1）根据分线线损异常处理流程，要求市郊供电所浦桥 K876 线进行线变关系核查。市郊供电所当日安排人员进行现场核查，并反馈浦桥 K876 线主线 1~22 号杆无用户，22 号杆后段线路线变关系正确，且无窃电现象，怀疑关口计量异常。智能开关方面，浦桥 K876 线 22 号杆浦桥 K1022 开关为智能开关，可开展分段分析。

（2）利用智能开关对浦桥 K876 线进行分段分析，查询配电四区主站新型智能开关表底值，如图 1−49 所示，取 8 月 3~7 日的零点表底值，计算出 3~6 日流程智能开关的电量值，比对同时期电量采集系统变电站线路关口采集电量，分析线损异常在 22 号杆前段还是后段。

资源编号	11100000-10537425		资源名称	浦桥K1022开关		终端条码	
开始日期	2019-08-04		结束日期	2019-08-06		显示方式	
当前 135 条 286 条 导出 负荷曲线							
无功功率(kVar)	正向有功总电能(kWh)		反向有功总电能(kWh)	第一象限无功电能		第二	
0.006	331.35		0.00	117.33			
0.007	331.33		0.00	117.33			
0.007	331.31	331.33	0.00	117.32			
0.007	331.28		0.00	117.32			

图 1−49　浦桥 K1022 开关计量表底图

结合变电站关口电量、智能开关电量和售电量数据分析，发现关口电量与智能开关电量有明显差距。但根据单线图分析浦桥 K876 线主线 1~22 号杆不存在用户不应有电量差。故怀疑一是 1~22 号杆存在用电设备或联络转供；二是变电站关口计量错误。分析表格如表 1−8 所示。

表 1−8　　　　　浦桥 K1022 开关前段损失电量计算表

日期	变电站关口输入电量 （kWh）	智能开关计量电量 （kWh）	分布式电源电量 （kWh）	售电量 （kWh）
8.3	22 800	21 900	8	21 373.32
8.4	18 480	17 600	3.8	17 130.77
8.5	20 880	19 800	22	19 344.46
8.6	23 160	22 100	20.4	21 552.65

续表

日期	变电站关口一售电量 （kWh）	智能开关一售电量 （kWh）	变电站一智能开关 （1~22 号杆计算损失电量） （kWh）
8.3	1426.68	526.68	900
8.4	1349.23	469.23	880
8.5	1535.54	455.54	1080
8.6	1607.35	547.35	1060

（3）根据分析结果，发送调度和供电所协查任务单。调度接任务单后，通过分析变电站关口积分电量和计量电量，发现变电站关口无明显异常，判断变电站关口计量无异常，如图 1-50 所示，反馈运检部。

时间	中宅变浦桥K876线				P+
	P+	P-	Q+	Q-	
2019-08	--	--	--	--	228797
2019-08-01	27720	0	9960	0	27962
2019-08-02	26520	0	10080	0	26702
2019-08-03	22800	0	9600	0	23126
2019-08-04	18480	0	7560	0	18562
2019-08-05	20880	0	8280	0	20951
2019-08-06	23160	0	9360	0	23246
2019-08-07	23880	0	9360	0	23932
2019-08-08	24720	0	9480	0	24862
2019-08-09	19320	0	8520	0	19428
2019-08-10	15480	0	7200	0	15562
2019-08-11	--	--	--	--	4464

图 1-50 浦桥 K876 线变电站关口计量分析图

供电所接明确指令后，对主线 1~22 号杆进行排查，发现主线 14 号挂接有临时变高压用户"城市建设投资发展有限公司"，因与大洋 K897 线同杆架设，无法立即判断是否为浦桥 K876 线供电。现场抄录户号后，回供电所查询用户电量，用电量符合损失电量变化，如图 1-51 所示。供电所判断该用户为浦桥 K876 线供电。

供电所确认异常原因后，在 PMS 系统完成了线变关系更正。异常处理完成后反馈运检部将异常归档。

| 用户名称： | 嵊州市城市建设投资发展有限公司 |
| 统计周期： | 日 |

日期	表号	正向电量
2019-08-09	148100000024514285	766.80
2019-08-08	148100000024514285	891.60
2019-08-07	148100000024514285	998.40
2019-08-06	148100000024514285	992.40
2019-08-05	148100000024514285	937.20
2019-08-04	148100000024514285	804.00
2019-08-03	148100000024514285	900.00
2019-08-02	148100000024514285	979.20
2019-08-01	148100000024514285	992.40

图 1-51 高压用户售电量图

四、成效分析

浦桥 K876 线经过线变关系更正和模型更正，线损恢复稳定，损失电量维持在 500～800kWh 之间，线损率在 3%左右波动，如图 1-52 所示。同时营配贯通也得到了有效提升。

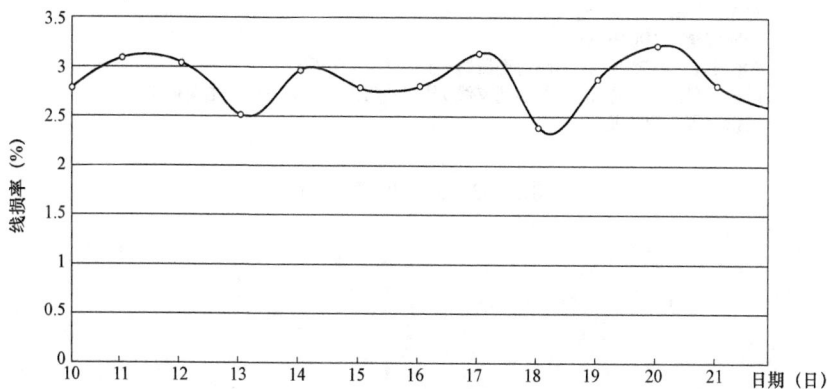

图 1-52 浦桥 K876 线分线线损率图

随着新型智能开关的安装覆盖，智能开关的数据应用价值可以进行进一步开发，合理利用电量数据可以有效辅助配电线路的线损分析和营配贯通治理，指导运维人员现场核查。

五、反思改进

1. 模型异常管控

该供电公司通过本次模型异常自查，发现人为误操作可能导致模型错误，甚至线损异常或使异常线损未能及时暴露。该供电公司计划加强对于模型异常的管控，每双周对关口数据进行核查匹配，避免再次发生类似异常。

2. 专用变压器线变关系维护

本次异常供电所未能及时发现，由营销用电检查班和供电所高压班信息不畅引起。运检部梳理专用变压器新增、割接、退役流程，制订专用变压器异动流程：专用变压器新增、退役由营销部发起维护，运检部确认 GIS 维护后，发送至供电所进行单线图更正；对于割接由供电所发起更正，经运检部确认后，发送营销部进行营配贯通同步。专用变压器信息卡片如图 1-53 所示。

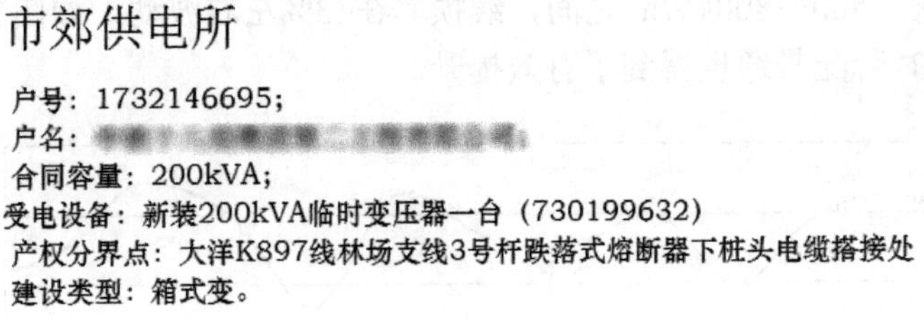

市郊供电所

户号：1732146695；
户名：████████████████████
合同容量：200kVA；
受电设备：新装200kVA临时变压器一台（730199632）
产权分界点：大洋K897线林场支线3号杆跌落式熔断器下桩头电缆搭接处
建设类型：箱式变。

图 1-53 高压用户卡片图

案例七 同期线损系统合理配置 分布式电源模型

随着能源问题和环境问题的日益突出，可再生能源利用逐渐得到国家重视，并已成为我国的重点发展战略之一。分布式发电具有投资小、清洁环保、占地小等优点，对未来电网提供有力补充和有效支撑。近年来，某供电公司辖区内新投运分布式电源分布广泛且数量较多，且档案归属营销，不易查找所属供电线路及区域，未能在一体化电量与线损管理系统内及时配置分布式电源模型，导致线路线损率为负，极大地影响到同期分线线损指标。

一、概况描述

多园 K100 线是一条公用线路，共有 13 台公用配电变压器，23 台专用配电变压器，发现多园 K100 线经常发生负线损，如图 1-54 所示。

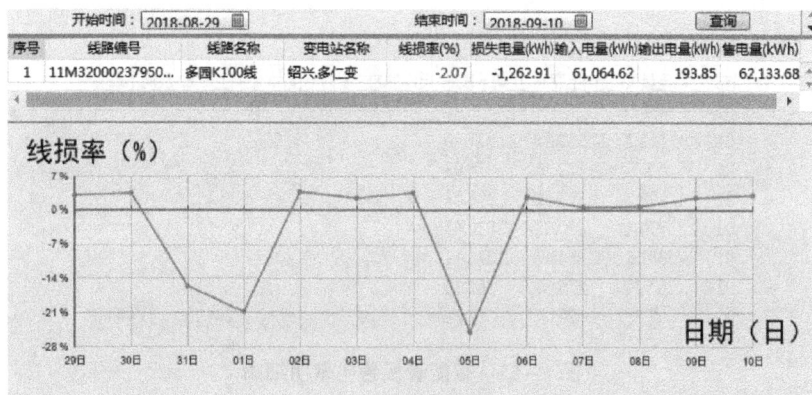

图 1-54 未配置分布式电源模型前多园 K100 线日线损率图

二、问题剖析

结合工作经验，引起多园 K100 线负线损可能的情况有如下：

（1）多园 K100 线下用户线变关系不一致；

（2）多园 K100 线下存在着分布式电源，但分布式电源未配置在线路上。

三、解决措施

1. 解决思路

针对上述引起多园 K100 线负线损可能存在的原因，可以通过一体化电量与线损管理系统查看多园 K100 线的售电量明细，结合大数据思维，找出异常用电信息，锁定疑似用户，缩小排查的范围，提高工作效率，从而提升分线线损达标率。

2. 解决方法

通过一体化电量与线损管理系统查看多园 K100 线的售电量明细，经核查后发现该线路下用户线变关系准确无误，但发现该线路下高压用户"浙江莫尼电气有限公司"存在反向表底值且有走表，如图 1-55 所示。继续通过营销系统查询该用户，发现关联分布式电源"浙江莫尼电气有限公司"，查询负损当天和分布式电源电量匹配，确认为该电源引起负损。

减少	正向电量(k...	正向上表底	正向下表底	反向加减少	反向电量(k...	反向上表底	反向下表底
01	4,980						
01	1,111.2	22,558.94	22,577.46		0		
01	6,170	672.76	678.93				
01	108.2	1,393.42	1,398.83				
01	770.4	820.82	830.45				
01	857.6	2,864.47	2,875.19				
01	6,530	275.63	282.16				
01	680	27.54	27.71			244.18	247.48

图 1-55　智能看板售电量明细图

在线路上如何配置分布式电源操作如下：

（1）找到目标线路。其菜单路径：关口管理→元件关口模型配置→设备所属公司→变电站→配电线路，如图 1-56 所示。

（2）选中线路，分布式电源配置如图 1-57 所示。

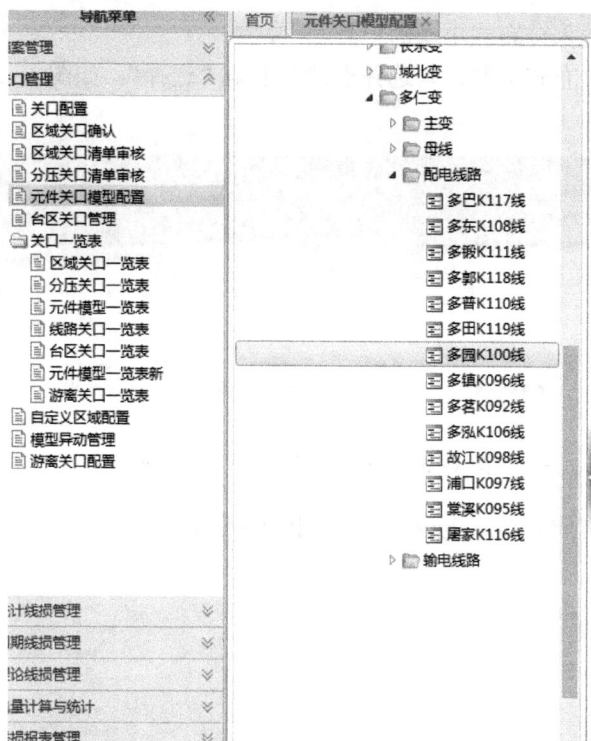

图 1-56 元件关口模型配置路径图

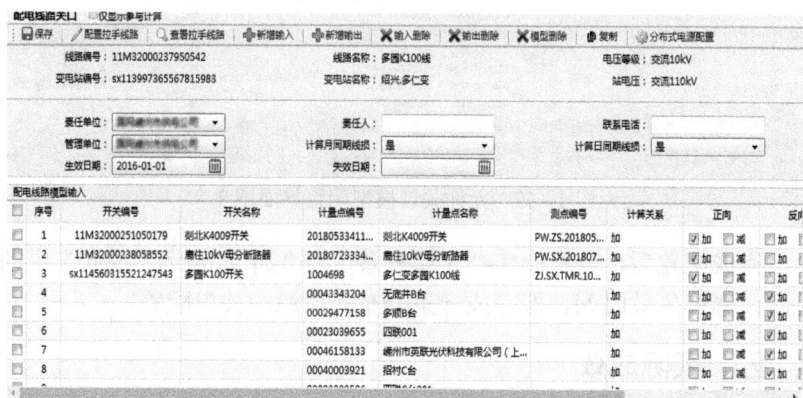

图 1-57 元件关口模型配置界面图 1

（3）输入分布式电源的户号。

找到分布式电源，勾选并点击右上角"选择"，如图1-58所示。

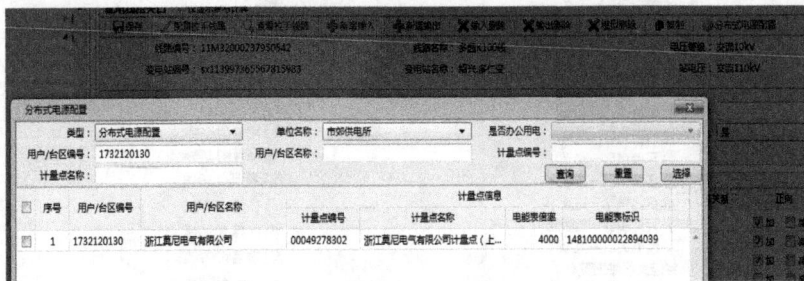

图1-58 元件关口模型配置界面图2

（4）完成分布式电源配置，如图1-59所示。

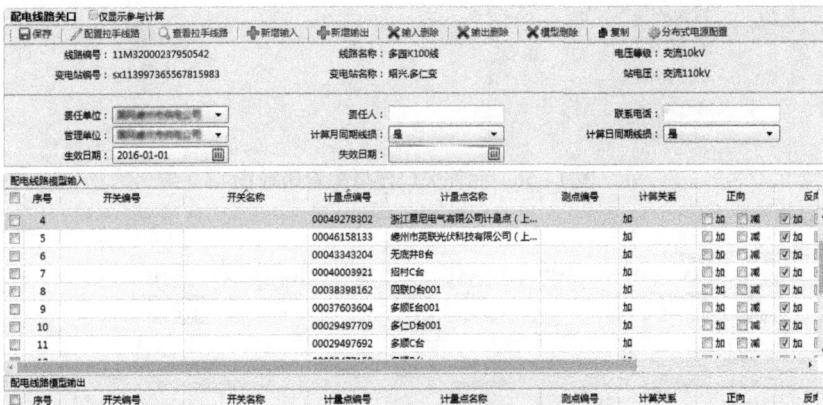

图1-59 元件关口模型配置界面图3

完成配置后，分别操作"计算关系"为"加"；勾选"反向"中的"加"；选择生效时间，即完成一条分布式电源的关口配置。

四、实际成效

本案例中，通过合理配置分布式电源模型，从而提升分线线损达标率，目前多园K100线日线损已经达标，如图1-60所示。

序号	线路编号	线路名称	变电站名称	线损率(%)	损失电量(kWh)	输入电量(kWh)	输出电量(kWh)	售电量(kWh)
1	11M32000237950...	多园K100线	绍兴.多仁变	2.62	1,559.10	59,552.40	0.00	57,993.31

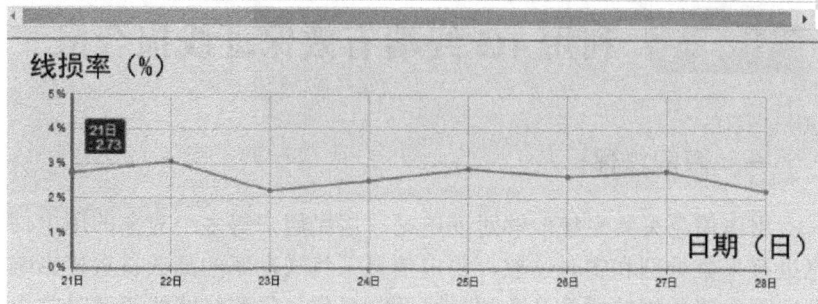

图 1-60　配置分布式电源模型后多园 K100 线日线损率

案例八 利用 4G 终端有效保证线损合格

一、概况描述

用电信息采集系统能够对变电站、居民用户等多个对象的用电信息进行采集处理和实时监控,用电信息采集成功率的高低将直接影响到远程采集数据的质量及数据是否及时可靠,导致线路线损率时常出现超大损。某供电公司分析影响用电信息采集成功率的因素,提出相应的解决对策。

二、问题剖析

2018 年 6 月 25 日某供电公司发现双城 K747 线出现线损率异常偏高,经对该线路开展线损异常排查,在售电量明细中发现新接入的时代广场公共变压器电量缺失,由此定位线损超大原因为终端采集问题。现有终端全部采用 2G 信号,而随着 4G 成为主流,相应分配给电力系统 2G 频段的容量减少,部分基站已经逐步开始关闭 2G 频段信号,导致终端信号不稳定。

时代广场公共变压器所处位置为东方广场地下室,无 2G 信号覆盖,而现有终端设备只能采集到 2G 信号,因此即使加装天线、放大器等均不起作用。经与运营商沟通,为适应当前环境,最佳解决方法为更换成 4G 通信设备。

三、提升措施

1. 整改思路

在主推 4G、2G 逐步退出的大环境下,对于周围没有 2G 信号的地方,让运营商增加 2G 信号已然不可能。一方面,与运营商沟通协调,将逐步关闭的基站 2G 信号恢复起来;另一方面,对于没有 2G 信号或 2G 信号较弱地区,将现有终端的 2G 模块更换为 4G 模块,并做好 4G 设备的采购储备,逐步将现有老旧终端更新换代为 4G 设备,实现与运营商 2G 转 4G 的无缝对接。同时,通过使用加长天线、加装 GPRS 信号放大器提高终端的采集成功率。

2. 实施步骤

（1）与厂家对接，对于周围没有 2G 信号的地方直接将现有终端 2G 模块更换为 4G 模块；同时与运营商沟通，恢复关闭的 2G 信号。

（2）梳理 2G 覆盖较弱地方的终端及老旧终端，采购储备 4G 终端通信设备，安排更换计划表，逐年更换现场运行终端上行通信模块为 4G 模块，改善终端上行通信现状。

（3）对基站信号覆盖较弱地区，加装天线、放大器等辅助信号增强设备。由于山区多，且山区人口密度小，山区的通信基站较少，信号较弱，使用天线，有利于 GPRS 信号的接收，有效防止专公共变压器终端的配电室室内的信号屏蔽衰减。在楼宇建设中，配电室往往安装在地下室等信号较差地方，安装信号放大器提高终端的采集成功率。

（4）定期开展技术培训，提高供电所终端运维人员的现场故障排查能力。同时，加强终端系统的日管控，开展系统的综合分析工作。通过时钟对时、数据补召、任务重投等远程手段，提升不同环节问题分析与处理的效率；另外，安排现行终端轮换，重点关注新上终端及老旧终端的指标监控，从远程处理到现场排查，跟踪督促终端采集故障的整改进程直至闭环，提高终端数据采集的可靠性。

2018 年 7 月 2 日现场安装 4G 模块，如图 1—61 所示，经调试后时代广场终端数据采集上传恢复正常，7 月 3 日双城 K747 线损恢复正常。

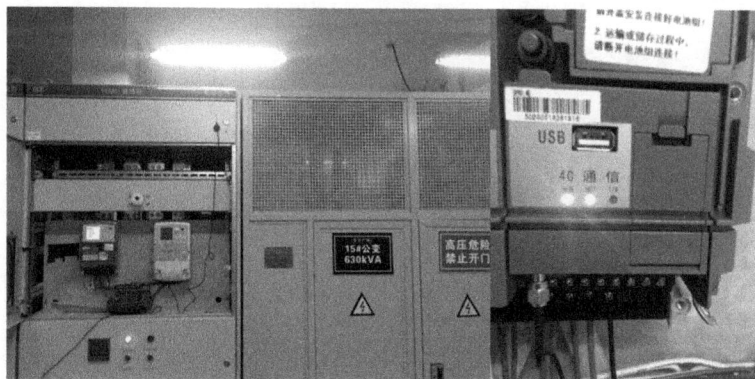

图 1—61 终端 4G 模块现场安装

四、应用成效

　　针对 2G 信号较差地区,某供电公司对其他有类似情况的终端进行排查,在排查的 79 台公共变压器终端中更换 4 个模块,提高采集成功率,线损达标率提升 0.4%以上。

案例九 结合地图导航深化数据
价值挖掘精确排查线变关系

一、概况描述

目前城区分线线损治理的存在以下难点：一是线变关系不一致；二是计量、采集异常较多；三是线路割接转供，调电频繁；四是设备异动未同步更新。其中线变关系不一致是城区分线线损治理的一个主要难点。

二、问题剖析

在数据治理初期，面对大量的基础数据错误，如没有有效策略，易发生"放一炮换一个地方""如无头苍蝇乱打乱撞"等问题，导致数据治理进度缓慢。经异常分析总结，负损多由线变关系错误等数据问题引起，而高损可能由采集等电量缺失问题引起。优先治理负损线路可有效加快数据治理进度。及时分析梳理线变关系的配电变压器，并快速定位正确对应关系是一个突破口。

公司建立"五步走"线变关系治理法，结合地图导航深化数据价值挖掘精确排查线变关系，辅助现场核查；有效提升公司营配贯通、线变关系治理进度。

三、情况解析

第一步：应用系统进行初步分析。

分线线损监测人员在分线线损治理过程中，通过同期日线损发现湖都 K881 线经常出现负线损，线损率长期在 −0.5% 至 1% 波动，如图 1−62、图 1−63 所示。通过对比配电线路多日的售电量明细，如图 1−64 所示，排除因计量、采集异常或上网关口未配置的因素。基本判断为线变关系错误引起线损不正确。

	序号	线路编号	线路名称	变电站名称	日期	电压等级	输入电量(kW·h)	输出电量(kW·h)	售电量(kW·h)	损失电量(kW·h)	线损率(%)
	1	11M00000501060829	湖都K881线	中电变	2018-10-18	交房10kV	21840.00	0.00	21876.60	-36.60	-0.17

图 1-62　湖都 K881 线同期日线损图

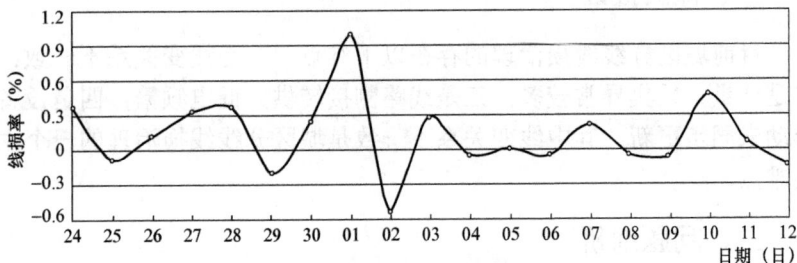

图 1-63　湖都 K881 线线损率曲线

售电量明细（kWh）

配变类型	倍率	正向加减关系	正向电量(kW·h)	正向上表底	正向下表底	反向加减关系	反向电量(kW·h)	反向上表底
高压用户	120	01	1,791.6	22,291.48	22,306.41			
台区	120	01	1,646.4	11,315.52	11,329.24			
台区	160	01	1,459.2	2,383.85	2,392.97			
台区	120	01	1,332	32,710.66	32,721.76			
台区	120	01	1,236	17,249.9	17,260.2			
台区	120	01	1,226.4	17,383.19	17,393.41			
高压用户	120	01	1,188	26,346.2	26,356.1			
台区	120	01	1,062	1,303.08	1,311.93			
台区	160	01	1,041.6	11,265.43	11,271.94			
台区	160	01	921.6	9,565.73	9,571.49			
台区	120	01	897.6	16,942.32	16,949.8			
台区	160	01	892.8	15,775.88	15,781.46			
台区	160	01	884.8	16,453.6	16,459.13			

图 1-64　配电线路多日的售电量明细

第二步：核查湖都 K881 线系统单线图和运维单线图。

核查 PMS 系统单线图和设备主人手工维护的运维单线图，发现 PMS 系统单线图多出一个鹿山街道，如图 1-65、图 1-66 所示；打开站内图发现鹿山街道配电房内的配电变压器为"宏泰房地产开发有限公司自建公共变压器",如图1-67所示,将该配电变压器定义为疑点配电变压器。

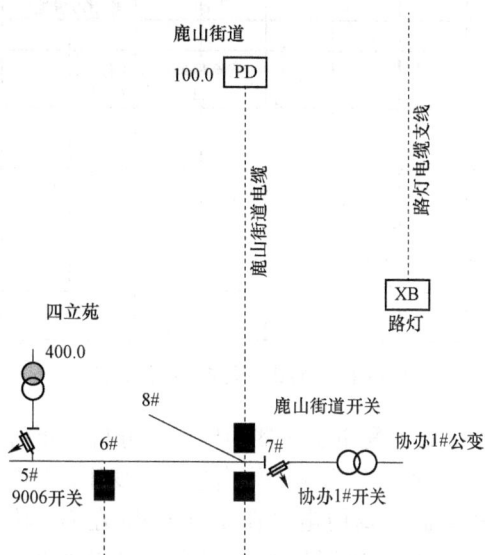

图 1-65 PMS 系统单线图

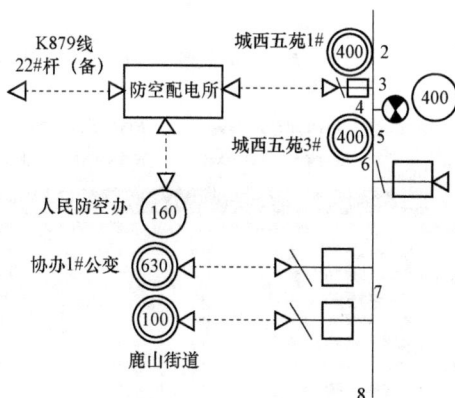

图 1-66 运维单线图

鹿山街道
1×630

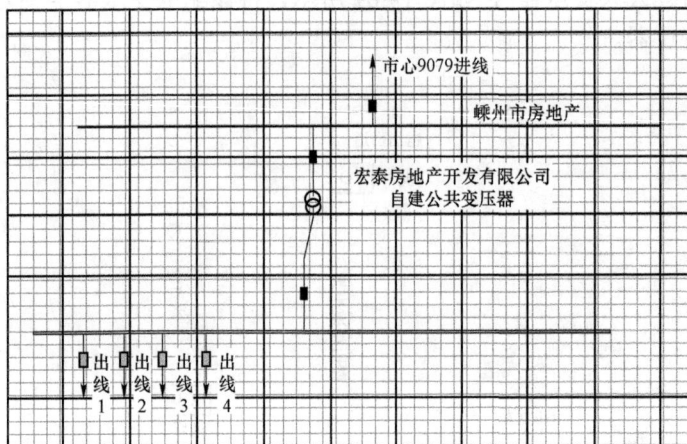

图 1-67　鹿山街道配电房站内图

第三步：查询疑点配电变压器的电量，分析更正后线损率。

查询"宏泰房地产开发有限公司自建公共变压器"电量，如图 1-68 所示，该配电变压器日均用电量在 1000kWh 左右。移除该配电变压器电量，湖都 K881 线更正后线损率为（21 840-21 876.6+1000）÷ 21 840=4.41%，线损率达标且维持在 4%～5%之间，损失电量在 1000kWh 左右。

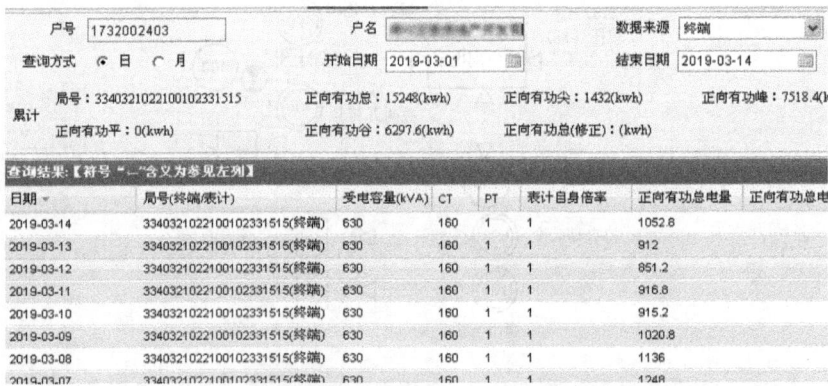

图 1-68　宏泰房地产开发有限公司自建公共变压器电量

第四步：通过分析，辅助核查确认配电变压器正确线变关系。

通过营销系统和用采系统查询到"宏泰房地产开发有限公司自建公共变压器"实际为时代广场商住楼供电配电变压器，安装地址在"一景路 2 号时代商务广场"。

通过互联网地图导航类 App 应用，定位"宏泰房地产开发有限公司自建公共变压器"的大致地理位置。通过定位，分析附近线路的供电关系，判断其可能在双城 K747 线上。同时查询双城 K747 线日损失电量在 2500kWh 左右，线损率在 5%左右。如加上日均 1000kWh 售电量，则日损失电量在 1500kWh 左右，线损率在 3%左右，在合理范围内。

随即安排线路设备主人到时代商务广场核实"宏泰房地产开发有限公司自建公共变压器"确切位置。经设备主人核查发现，该配电变压器现场标牌为"时代广场商住楼 1 号公共变压器"如图 1–69 所示，现场与 PMS 系统名称不符，导致配电变压器未正确维护。随后，更新运维单线图。

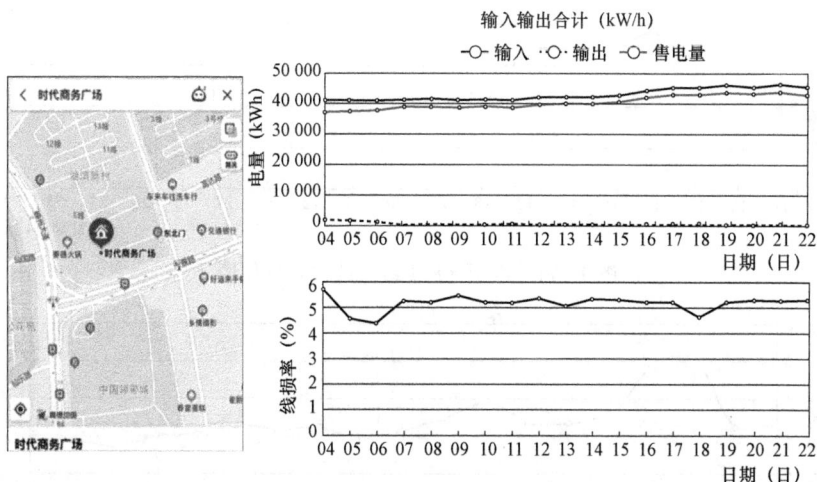

图 1–69 用户用电地址及双城 K747 线分线线损曲线图

第五步：源端系统维护线变关系。

在 PMS 系统中发起任务，将"宏泰房地产开发有限公司自建公共变压器"的调整至正确的线变关系，如图 1–70 所示，调整后目前两条配电线路线损均恢复正常，如图1-71、图1-72所示。

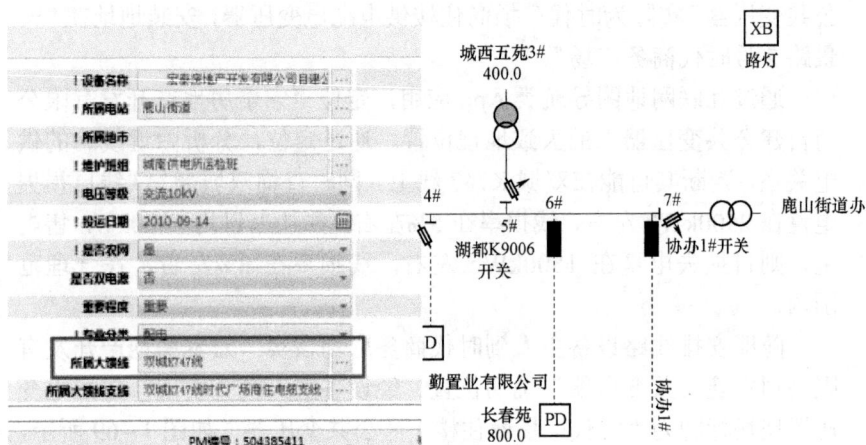

图1-70　源端修正用户线变关系

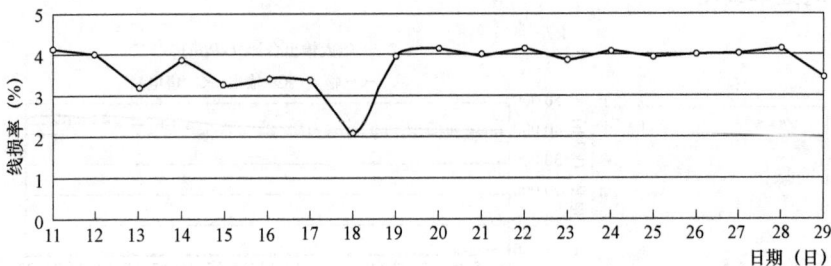

图1-71　湖都K881线分线线损曲线图

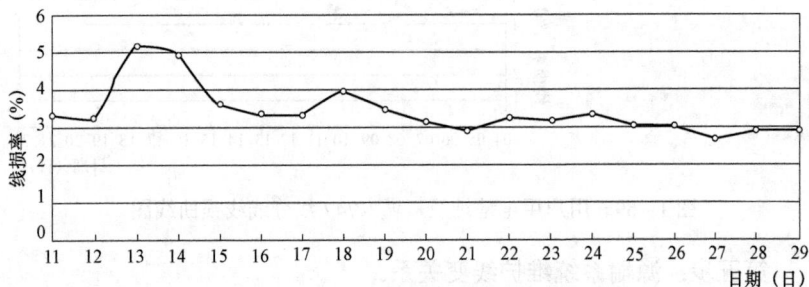

图1-72　双城K747线分线线损曲线图

四、成效分析

指标方面：基于多元数据的应用，分析配电线路和配电变压器的对应，精确排查线变关系，稳步提升同期线损指标。

经济效益：提高线损排查工作效率，精确定位问题数据，缩小排查范围，减少人力、物力的损耗。

案例十 变压器三相电流不平衡之自动调节装置治理

一、概况描述

三相不平衡对线损有很大影响，配电变压器三相负荷不平衡时，线损增加体现在两部分：一是增加配电变压器损耗；二是增加线路损耗。三相不平衡运行会造成变压器零序电流过大，局部金属件升温增高，甚至会导致变压器烧毁等故障，需要解决变压器三相不平衡问题。

二、问题剖析

随着城乡经济的快速发展，工业区附近的村庄外来人口不断聚集，大量村庄自建房不断分割出租，居民单相负荷急剧上升，直接打破原有的用电三相平衡状态，导致台区线损率直线上升，持续异常偏高。

如求家 A 台配电变压器，该配电变压器容量为 400kVA，共 96 户用户低压居民用电，低压线路 2.27km，其中绝缘线路 1.92km。经系统内监测，发现该台区的三相不平衡度偏高，约为 50%左右，对台区低压出线采取调整负载等手段，但由于外来流动人口的增加或减少，低压用户用电负荷的变化等原因，造成低压负荷波动极大，台区三相不平衡问题一直存在，没有得到有效的解决。

三、提升措施

1. 整改思路

通过人工调整或技术调整的手段均衡各相负荷，确保三相负荷平衡。该台区时段负荷变化较大，且其最大负载相不固定，三相不平衡度人工调整难度很大，故选择采用技术调整的手段达到三相不平衡治理的目的。

2. 实施步骤

（1）解决方案。在变压器低压出线侧安装 GF-SPC 三相负荷不平衡自动调节装置,GF-SPC 开启后,通过外接电流互感器实时检测系统电流,并将系统电流信息发送给内部控制器进行处理分析,以判断系统是否处于不平衡状态,同时计算出达到平衡状态时各相所需转换的电流值,然后将信号发送给内部 IGBT 并驱动其动作,将不平衡电流从电流大的相转移到电流小的相,最后达到三相平衡状态,如图 1-73 所示。

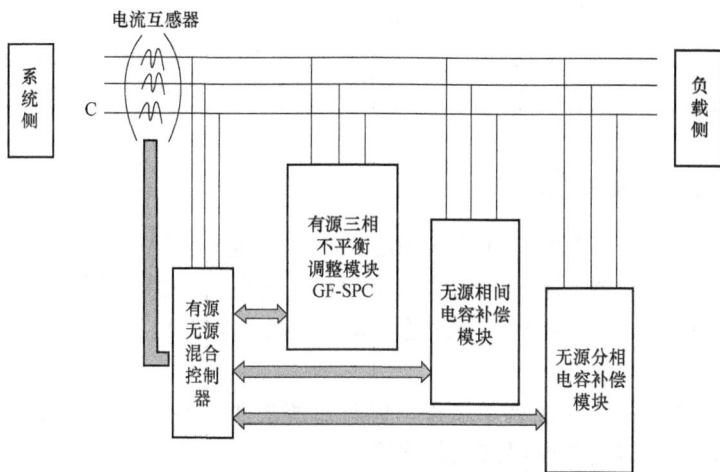

图 1-73 三相不平衡补偿原理图

(2)现场实施。

1) 项目实施方案。在变压器出线端安装三相不平衡治理装置一台,如图 1-74 所示,实时采集变压器的各相运行数据,并根据三相

图 1-74 补偿装置现场安装

61

负荷不平衡情况实时调整开关所在相位。安装完成并送电 1min 后，台区不平衡度自动调整为 5%，已在合格范围内。

2）现场数据。在补偿设备投入运行后，B、C 相不平衡电流明显改善，如表 1-9 所示，变压器三相电流总体平衡。

表 1-9 变压器低压侧电流数据

电流相	A	B	C
设备安装前（A）	43	61	31
设备安装后（A）	47	46	45

四、应用成效

治理前，变压器三相不平衡度 25%，变压器损耗达到 17%，经测算损耗电费达到 24 500 元/年。治理后，变压器三相不平衡度降低到 5%，变压器损耗下降至 8%，经测算损耗电费下降 11 560 元/年，每年可产生节损效益 12 940 元。

利用三相不平衡调节装置，能有效解决变压器低压侧电流不平衡情况，提高设备安全经济运行水平。

案例十一 多管齐下 全面提升 10kV 线损管理水平

一、概况描述

由于管理机制与考核体系不健全，以及受限于技术措施，中压配电网 10kV 线损管理水平仍然较低。随着电网自动化信息化水平的提高，特别是国网一体化线损管理系统的推广，为全面提升 10kV 分线同期线损合格率、促进管理水平持续提升创造有利条件。

二、问题剖析

10kV 分线线损治理过程中，发现影响线损率指标的主要问题包括管理流程、基础台账、表计计量及线路转供等四个方面。在管理流程方面，10kV 线损管理工作一直沿袭传统做法，缺少一套明确清晰的管理流程，各级人员管控责任落实不到位。在基础台账方面，PMS2.0 中低压基础台账维护不到位、分布式电源对应关系不准确等情况存在，导致同期线损系统中线变关系与现场不一致。在表计计量方面，计量设施缺陷较多、表计轮换流程不规范等情况存在，一些长期问题得不到整改。在线路转供方面，配网线路运行方式复杂，线路经常出现转供且转供关口没有计量点，导致 10kV 分线线损无法归真。

三、提升措施

1. 优化管理闭环流程

按照清晰、明确、科学、闭环的流程原则，制定 10kV 线损管理工作流程，如图 1–75 所示，形成责任清晰、分工明确、设计科学、衔接流畅的流程体系。按照线损管理职责范围对分线线损指标进行分解、控制和考核，实现线损管理的全过程可控和在控，达到提高线损管理水平的目标。

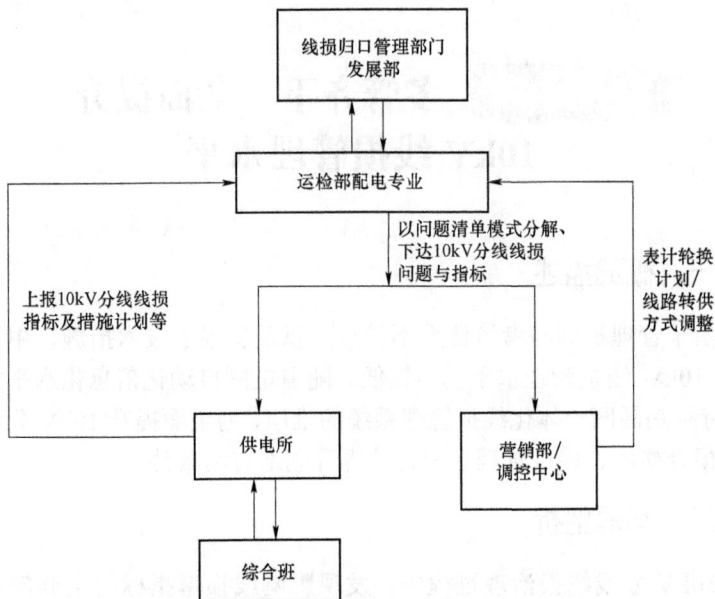

图 1-75 10kV 线损管理流程图

2. 开展基础数据核查治理

（1）全面加强基础数据运维力度，巩固并提升基础数据质量。主要解决迁移数据存在的拓扑不连通、铭牌缺失或错误、图数不对应、设备类型错误和台账完整性偏低五方面重要问题，为配网同期线损统计分析工作奠定坚实基础，实现变电站、母线、线路、台区与源头系统档案保持 100% 一致。

（2）进一步规范配网设备异动管理流程，提高 PMS2.0 系统增量设备变更维护的准确性、及时性和完整性。确保按照每日网架异动内容正确收集、及时传递、准确维护。

（3）按照线路现场实际情况，开展线路线损模型梳理。重点核查电厂、10kV 分布式电源、台区分布式电源、办公用电等特殊上网关口配置情况。建立模型异动机制，及时、准确维护增量模型异动。

3. 加强计量异常处理

由营销部和运检部共同制订专用变压器用户新投、表计轮换流程。规范专用变压器用户新投、表计轮换管理，规定表计、终端轮换档案更新需在当天完成，减少影响线损时长。

梳理异常终端清单。通过日常监控，发现部分品牌终端存在电量与实际负荷不匹配的问题。集中力量对用电量大的异常终端进行负荷数据与电量数据的分析核查，提前预防异常终端对线损的影响。

4. 规范线路打包策略

通过对单条线路模型配置、档案关系、采集情况分析，加强对线路负荷转供、线路切改等工作管控。每日结合调控中心提供的转供计划，对专供线路进行打包，达到真实打包、单线合格的目标，有效控制线路打包率。

四、应用成效

通过夯实基础数据、规范管控流程、落实针对性措施，分线线损率指标有效提升。截至 2019 年 6 月，10kV 分线日平均达标率达 97.44%，月达标率为 97.61%，打包率仅为 2.94%。相比 2018 年初日平均达标率上升 47.98 个百分点，月达标率提升 38.75 个百分点，打包率降低了 21.91 个百分点，工作成效显著。

案例十二 浅谈基础档案数据质量维护典型方法

一、概况描述

同期线损系统的数据建立在用电信息采集系统、PMS2.0 系统以及 EST 系统等源端系统基础数据之上，通过系统自动计算线损数据。如果源端数据档案数据质量维护不到位，将直接影响到线损指标的好坏。

二、问题剖析

在近 2 年的治理过程中发现，很大一部分线损异常问题都由档案数据不准确引起，存在办公用电档案的缺失、光伏发电档案未接入等情况。专用变压器的缺失、错挂以及一些容易忽视的档案问题往往会造成部分线路的高损、负损问题。例如，光伏发电、办公用电等类别档案若未及时维护，可能会造成一些负荷较小的线路出现高损和负损的异常状态。

问题一：办公用电未及时接入

泽前 K150 线线损异常，超出指标范围，而线路公共变压器，专用变压器数量均与源端系统数量一致。经分析和与源系统细致比对后发现，此线路缺失办公用电专用变压器，而该线路又是轻载线路，缺失该办公用电专用变压器会导致该线路线损率较高。

问题二：光伏发电档案缺失问题

泽城 K144 线线损为负值，查公、专用变压器并未发现异常。线路新增一批光伏发电用户，发电量算入后导致异常。

三、提升措施

（1）规范管理流程。在各供电所内建立以所长为核心，班组长和技术骨干成立线损管控小组。每月进行一次档案核对维护，各管控小组每周对档案进行梳理，特别针对换表、新装等需要增减修改源系统档案进行实时跟进，确保档案准确及时维护至系统。

（2）强化管控机制。健全完善"日监管、周分析、月总结"机制，常态化开展线损管控。每日在系统中对地区所有线路及配电变压器台区进行监控。一旦发现线损存在异常，及时落实人员排查处置，查找可能存在的原因，寻求高效的解决办法。每周进行降损分析会议，提取同类问题特征，开展同类问题排查，力求最短时间发现问题、最高效率解决问题，形成闭环管理。每月进行总结评估，对本月的情况进行评估，确定哪些问题得到解决，并做好线损异常记录，以便在发生相同问题时有更明确的问题导向。从源头上保证基础数据的准确性。

四、应用成效

通过完善机制，线损异常的线路大幅减少，异常判定更加迅速，日线损异常控制在当日找出原因并予以解决。线损达标率从 87%提升至 97%，提升非常显著。

线损管理需要"勤关注、勤分析、勤总结"的"三勤"精神，线路每月情况都会有所不同，有些可能因为线路故障，线路切割等导致线损异常，需要管控人员掌握多种获知线路信息的渠道，线路出现异常需及时分析、及时处理，不可一拖再拖，有问题及时提出、及时解决。

案例十三 采用中压载波采集解决小水电采集难题

一、概况描述

某地小水电站点多，共有 112 家，遍布各个乡镇的山区。大多小水电站地处位置偏远交通极不便利，影响了小水电站的故障处理的及时性，给采集运维加大了难度，小水电（非统调电厂）采集率一度成了某供电公司采集成功率的瓶颈。

二、问题剖析

（1）处于山区又因小水电往往建设于山沟和山坳处，导致小水电站所处位置通信信号缺失或信号弱的问题突出，采集终端无法正常上传数据。

（2）很多小水电站一年之中只有丰水期才有人值班操作，平时都处于门闭状态，运维人员往往会联系不上小水电站的工作人员而无法进入配电间，造成运维、故障处理时间上的拖延。

（3）小水电站的工作人员习惯上会在机组不发电时把发电变压器上侧的跌落式熔断器拉掉，导致的计量点失电而无法采集数据并上传。

这些问题严重影响了非统调电厂的采集率，而非统调电厂作为重要采集数据在整个采集中权重占比 16%。不解决非统调电厂的采集率将严重影响同期线损质量。2018 年 1 月非统调电厂日采集成功率仅达96.36%。

三、提升措施

1. 整改思路

针对电厂不发电时人为拉断跌落式熔断器而导致计量点失电的情

况，需从安装设计上来统一解决用户的问题。加强与小水电厂的沟通协调，解决门闭的情况下采集运维的及时性。协调各通信商，增强各小水电站的通信覆盖信号，对部分通信信号无法覆盖的电站用各种技术措施来解决。

2. 实施步骤

（1）保证小水电实现计量点电源的 24h 不间断。把原先部分高供高计但电源接入点在跌落式熔断器下方的计量装改接到跌落式熔断器上方。把部分原先采用高供低计的小水电站的计量改为高供高计电源接入在跌落式熔断器前。确保了所有小水电站的计量点的 24h 带电状态，从设计安装上为提升采集率打下基础。

（2）及时落实采集运维。因为很多小水电地处偏远山区，丰水期较短，不发电时就无人值守处于门闭状态。积极与各小水电厂人员沟通，确保上门时有人开门或将钥匙放在双方约定的地方。对部分协调困难的电厂，在经用户同意前提下把其表计、采集器的位置移到室外或电杆上。

（3）增强采集通信信号。通过更换成加长加强型天线，把天线移放在较高屋顶或电线杆的高处。加强天线或信号放大器的安放位置，尽量要高、方向对准通信基站方向。精准选择通信商，根据在山区"电信"信号普遍比"移动"好的特点，使用"CDMA 电信"卡，能有效解决部分水电站的信号问题。应用中压载波采集方式，对于个别地处大山深处，毫无通信信号的水电站安装中压载波，实现数据的采集和上传，在大门、坪石头等 6 家地处大山深处的水电站都已采用该方法。

四、应用成效

通过更改计量方式及计量点位置、解决信号增强、覆盖问题等一系列措施，小水电数据采集基本达到稳定状态，确保表底数据采集完整率，提升同期线损数据质量，如图 1-76 所示。同时也较大地减轻了运维工作班人员的工作强度。

供电单位	安装覆盖情况				采集情况			
	用户总数	电表总数	覆盖数	覆盖率	月初采集成功数	月末采集成功数	日（均）采集成功率	上网电量
市郊供电所	7	7	7	100	6	7	100	1035280
黄泽供电所	15	15	15	100	15	15	100	93966
崇仁供电所	26	26	26	100	26	26	99.88	93408
长乐供电所	21	22	21	100	22	22	100	125971
甘霖供电所	25	25	25	100	25	25	99.87	482377
三界供电所	19	19	19	100	19	19	100	94737
汇总	113	114	113	100	113	114	99.94	1925739

图 1-76　2018 年 10 月非统调电厂日采集成功率 99.94%

第二章 台 区 侧

案例一 加强业务末端融合 提升线损管理水平

一、概况描述

台区线损管理是一项基础性工作，但线损管理过程中面临专业协同不到位、业务末端不融合、基础数据不准确、线损系统协调支撑不到位、流程制度执行差异化等困难。因此，要扎实做好台区线损管理，形成线损管理的长效机制，需要遵循"综合体系、科学管理、全员参与"的原则，构建营销、生产等相关专业的横向协同工作网络，形成统一领导、分级负责、全员参与、齐抓共管的科学管理体系，从指标监控、技术攻关、流程管控、培训交流等多个方面入手，全面提升台区同期线损管理水平。

二、问题剖析

供电所作为基层业务执行单位，传统的业务管理分为运检和营销专业。在台区线损的管理过程中，存在两个专业协同程度不足导致线损异常持续发生的情况，具体表现在系统管理人员岗位职责不明确、各专业考核指标侧重点不同、流程衔接管控不到位、考核评价机制不统一等问题。对新上台区、调换台区、问题终端等基础数据的维护会因上述问题导致不准确，从而影响线损管理水平的提高。因此，需要建立以基础数据准确、末端业务融合、系统功能实用为目标，建立线损异常预警、协同工作、闭环管理的工作机制，理清运检、营销等专业人员在台区线损管理上的工作流程、责任分工、规章制度、评价原则及考核标准。包括营配贯通、数据同源管理、计量异常管理、采集闭环管控等业务。实现基础数据动态维护，全面提升台区线损管理水平。

三、提升措施

针对线损管理中存在的问题，细分问题类别和责任人，按照"分类、定责、定时限"的原则，明确每个细类问题的责任人和处理时限，量化异常处置时限，确保台区线损异常处理可控、在控。成立指标提升管控小组。负责制订阶段性（月度）指标计划、指标计划分解、各班组及责任人提升措施落实情况和工作质量进行跟踪检查、指标动态波动分析、协助和指导现场排查和分析、指标完成情况统计和通报、考核建议提交等工作。对于线损异常的处理按照"系统诊断—人工分析—现场核查"原则进行。

（1）依托系统诊断，提高专业处置时效。对于线损异常的台区，采集系统按照预置的智能诊断模型，对所有异常台区开展智能诊断分析，得出导致线损异常可能的原因，并给出相应的治理建议，如表 2-1 所示。

表 2-1　　　智能诊断问题分类和采取措施协同处理归类

问题大类	问题细类	采取措施	协同人	处理时限（工作日）
一、公共变压器端问题	1. 公共变压器互感器二次侧接线错误	更正二次回路接线方式	运检人员	2 天
	2. 公共变压器终端或互感器故障	更换互感器及公共变压器终端元件	运检人员	终端调换调试 3 天内完成；互感器调换按生产周计划平衡
	3. 公共变压器终端未安装投运	及时安装投运公共变压器终端	运检人员	按生产周计划平衡
	4. 公共变压器互感器变比配置不合理	根据负荷适当调整变比	运检人员	按生产周计划平衡
	5. 公共变压器三相负荷不平衡	线路负荷切割平衡三相负荷	运检人员	按生产周计划平衡
二、用户采集、计量异常问题	1. 电能计量装置或采集设备故障	更换故障配件或整个故障装置	装接人员	3 天
	2. 计量异常（表计失压以及有电流但无电量等）	更换故障表计	装接人员	2 天
	3. 台区下用户采集未全覆盖	及时安装采集设备	装接人员	3 天

以用户采集故障导致台区线损异常为例，经过采集系统智能诊断后，判断为台区下用户采集失败，则将异常用户推送至采集运维平台处理。异常可能的原因包括采集通信设备故障、主站异常、通信信号

不稳定或中断等，导致电量采集失败，引起线损异常。需要装接人员在规定时间内，现场排除采集设备 485 接线、SIM 卡、Ⅱ型集中器终端通信模块和天线、GPRS 信号等采集故障。

（2）立足工作实际，促进问题精准定位。智能诊断未有分析结果或者经过智能诊断分析处理后仍为异常的台区，需要人工进一步分析，主要目的是在现场核查环节前尽量在系统层面找出问题，缩小现场检查的范围，使现场检查有针对性和目标性。人工分析的主要内容为PMS2.0 生产管理系统档案问题和营销业务系统档案问题，如表 2-2 所示。

表 2-2　　　　人工分析问题分类和采取措施协同处理归类

问题大类	问题细类	采取措施	协同人	处理时限（工作日）
一、PMS2.0 生产管理系统档案问题	1. 公共变压器系统档案错误	及时更改系统档案信息	运检资料人员	2 天
	2. 线路割接引起的台区线损异常	调整营配对应关系	运检资料人员	2 天
二、营销业务系统档案问题	1. 公共变压器营配对应问题	在相应业务系统进行数据维护	营销资料人员	2 天
	2. 用户系统档案错误	及时更新系统档案信息	用检人员	2 天

（3）抓好现场核查，实现异常源头治理。通过人工分析环节仍未查明线损异常原因的台区，再进行现场核查，由县公司、供电所营销和运检专业人员完成，如表 2-3 所示。工作人员在系统中打印标准化作业单，有针对性地进行现场核查，并在完毕后将处理结果反馈至营销部线损管控人员。

表 2-3　　　　现场核查问题分类和采取措施协同处理归类

问题大类	问题细类	采取措施	协同人	处理时限（工作日）
需要现场查勘的问题	1. 配电变压器一表计对应问题	开展现场检查	用检人员	2 天
	2. 用户接线错误	更正用户错误接线方式	装接人员	2 天

续表

问题大类	问题细类	采取措施	协同人	处理时限（工作日）
需要现场查勘的问题	3. 用户窃电问题	开展用电检查，查处窃电行为	用检人员	2 天
	4. 无表（定量）用户问题	核查现场设备并装表计量	用检人员	与用户协商确定时限
	5. 用电量波动较大、长期零电量用户	开展现场用电检查	用检人员	2 天
	6. 用户表计绕越公共变压器计量接线	改造用户接线方式	运检人员	按生产周计划平衡
	7. 非用户原因的隐形损耗问题	必要时装表计量	装接人员	3 天

通过以上措施，推动了台区线损异常的快速处理，对因为专业协同不够、业务末端融合不足导致台区线损异常治理效果明显。同时，在末端融合处理线损异常的基础上，根据台区线损治理实际，进一步推进供电所运检、营销专业深度融合：根据低压配电网薄弱环节，重点抓好台区规划、建设和改造工作；缩短供电半径，减少交叉迂回供电，合理选择导线截面和变压器规格、容量；加强低压配电网无功规划和运行管理，科学合理配置无功补偿设备；合理调整运行电压，以及调整负载分布，确保三相负荷平衡。

四、应用成效

以基层业务末端融合为基础的中低压线损管理方法，实现了中低压降损，取得了一定的经济效益、管理效益和社会效益。

（1）实现节能降损。通过加强低压台区线损管理，有效地规范了低压台区管理，提高了台区综合管理水平，截至 2018 年 10 月底，某供电所综合线损率保持在 3.5% 左右，与去年年底的相比，下降了 0.474 个百分点，少损失电量 107.62 万 kWh，按照平均单价 811.5 元/MWh 计算，增加经济收益 87.33 万元。

（2）促进指标提升。在低压台区线损管理中，异常台区分析整改、低压无功改造等工作得到有效落实，实现了精益化管理。截至 2019 年

10 月，各类台区线损相关指标较年初有大幅提升：低压采集覆盖率由始终保持在 100%，同期线损达标率由年初的 95.26%提升至 97.80%，最高值达到了 98.61%，低压用户台区对应关系正确率由年初的 99.13%提升至 100%，同期线损可监测率长期保持在 99.7%以上，其中 4 个月达到了 100%，全用户采集成功率由年初的 99.27%提升至 99.76%，其中低压用户日均采集成功率由 99.15%提升至 99.84%。

同时，通过理清运检、营销等专业人员在台区线损管理上的工作流程、责任分工、规章制度、评价原则及考核标准，多项需要专业协同、跨平台基础数据的一致性等线损基础数据管控工作进一步改观，从而保证台区线损准确计算，如表 2-4 所示。

表 2-4 台区线损达标率提升情况表

月份	1	2	3	4	5	6	7	8	9	10
台区线损可算率	95.26%	95.54%	96.1%	95.25%	94.97%	98.61%	96.94%	98.61%	97.52%	97.8%

（3）规范用电秩序。台区同期线损管理工作取得了良好成效的同时，在线损治理和排查过程中，及时发现表计故障和违约用电情况，为公司挽回了经济损失，对规范供用电秩序、优化供电环境起到了积极作用。依据营销系统导出的窃电、违约用电情况统计，2018 年 1 月至 9 月在台区线损治理过程中总共发现低压用户窃电、违约用电 103 起，合计追补电量 9.41 万 kWh，减少电费损失 58.02 万元。

案例二 运用多系统数据比对治理台区线损

一、概况描述

在台区运行过程中，因低压线路绝缘子损坏、树碰线、台区总配电柜（箱）内避雷器或电容器击穿、地埋电缆绝缘损坏、用户计量箱内表前线路对金属外壳的绝缘破损等原因，导致低压线路、配电设备泄漏电流较大引起的高损台区时有发生。基于同期线损系统的应用，融合应用营销系统、采集系统、漏保系统等多个系统进行比对分析，以更有针对性的快速判定台区线损异常原因。

二、问题剖析

通过系统监测台区线损异常情况时，发现虞东村（乡政府）公共变压器较平常线损率偏高，正常情况下在 3%～4%之间，2018 年 11 月 4 日为 6.08%，且每日线损率持续上升，5 日 7.34%、6 日 7.59、7 日 7.94%、8 日 9.53%。

异常期间的异常日线损电量 20～40kWh 左右。

三、提升措施

1. 系统排查

查阅营销系统，该台区近期该台区及邻近台区无用户新装或销户变更，低压用户数线损异常前后均为 50 户，用户表计电量基本保持平稳。排除变户关系、用户变更、表计异常等引起的线损异常。判断需到现场检查实际用电情况有无偷漏电现象。

查阅采集系统，该台区公共变压器终端采集正常，无用户表计采集估算和缺失用户。排除采集数据缺失引起的线损异常。判断需到现场检查实际用电情况有无偷漏电现象。

查阅漏保系统，发现虞东村（乡政府）公共变压器于 2018 年

11 月 4 日 13~16 时漏电流异常、5 日 8 时漏电流异常、6 日至 8 日全天漏电流异常。初步判断现场无窃电情况，但存在漏电情况。该台区线损异常期间的漏电流和台区线损电量清单如表 2–5、表 2–6 所示。

表 2–5　　虞东村（乡政府）公共变压器漏电流异常清单

日期	最大剩余电流值（mA）	正常剩余电流（mA）	异常剩余电流（mA）	异常时长（h）	折算电量（kWh）	备注
11~4	1900	100	1800	17	31	
11~5	1850	100	1750	16	28	
11~6	1700	100	1600	24	39	
11~7	1600	100	1500	24	36	
11~8	1400	100	1300	24	31	
11~9	1400	100	1300	13	17	

表 2–6　　虞东村（乡政府）公共变压器台区线损清单

日期	台区总电量（kWh）	表计总电量（kWh）	线损电量（kWh）	线损率	折算电量（kWh）	折算后线损率
11~4	1040	976.8	63.2	6.08%	31	3.10%
11~5	1169.6	1083.8	85.8	7.34%	28	4.94%
11~6	1108.8	1024.62	84.18	7.59%	39	4.07%
11~7	907.2	835.17	72.03	7.94%	36	3.97%
11~8	691.2	625.36	65.84	9.53%	31	5.04%
11~9	739.2	691.18	48.02	6.5%	17	4.20%

2. 现场排查

现场通过钳形漏电流表检测，根据先总后分的排查序位，最终排查到因采集器电源线与金属计量箱触碰导致的漏电流异常，排除后漏电流正常，次日台区线损正常，如图 2–1 所示。

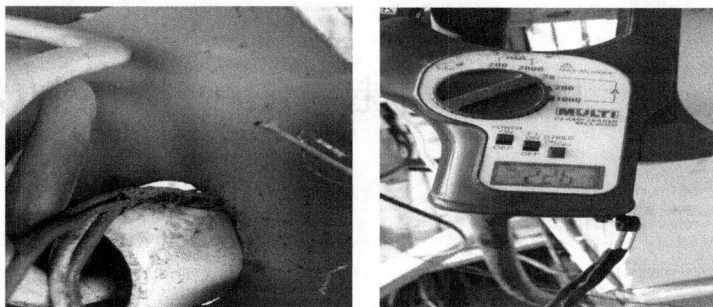

图 2-1 现场漏电检测

四、应用成效

通过深化同期线损系统应用，对台区线损进行实时动态监测。在台区高损异常排查过程中，既及时排除了台区安全隐患，消除可能存在的触电风险。同时，充分利用多套系统数据信息，快速排除台区线损漏电异常的原因，使台区线损率从 9%左右下降到 3%左右的正常水平。

案例三 用户过载引起的台区高损治理方法

一、概况描述

用户表计计量不准确，导致台区线损异常。常见计量失真原因有用户不按合同容量用电，私自增容导致表计过负荷、超容量运行等。一旦装机容量超过表计最大容量，则极易引起表计本身计量失真，从而导致台区线损异常。

二、问题剖析

本案例主要描述因智能表超负荷运行导致某相或某几相电压线圈烧毁，计量失真引起台区线损超大的治理过程。通过同期线损系统监测台区线损异常情况时，发现台区中因其中部分低压用户过载或超容用电，实际电流超过电能表最大电流130%，导致电能表计量失真。短期过负荷用电导致在使用期间电能表某相电压线圈的电压降偏离正常电压的−30%左右，长期过负荷用电导致电能表某相电压线圈失压，但电流线圈正常通电，电能表计量缺失，导致台区线损发生高损异常。

以新岙村（麻岙）公共变压器的台区线损高损异常排查为例。该台区正常情况下线损率在4%～6%之间，但在2018年6月13日至6月21日期间台区日线损率发生异常，突变到8%～20%之间。

三、提升措施

现场排查发现其中某用户超负荷用电，该户为轴承加工企业。现场检查其中一相电压为23V，其他两相正常，但用户能正常用电。运行表计为浙江万胜三相四线电子式一复费率远程费控智能电能表（工业用），型号DTZY6，电流5（60）A。该户每日用电量如表2-7所示。

表 2-7 用户日电量

日期	6.1	6.2	6.3	6.4	6.5	6.6	6.7	6.8	6.9	6.10
电量（kWh）	6.03	291.91	352.64	354.27	317.96	298.02	322.62	370.57	335.47	365.86
日期	6.11	6.12	6.13	6.14	6.15	6.16	6.17	6.18	6.19	6.20
电量（kWh）	353.43	343.21	286.7	307.57	338.68	357.32	299.51	0.29	275.16	289.75
日期	6.21	6.22	6.23	6.24	6.25	6.26	6.27	6.28	6.29	6.30
电量（kWh）	331.64	313.06	334.88	359.12	312.9	258.91	304.41	372.15	340.15	289.46

通过对该户日电量的分析，如该户 2018 年 6 月 1 日、6 月 18 日基本未生产，该台区线损率分别为 4.17% 和 4.79%。在其生产正常后，台区线损基本异常，特别是在 6 月 13～21 日期间，线损率超大。初步判断为该表计超负荷用电导致表计计量失真引起台区线损异常。于 6 月 20 日对该户表计发起了计量装置故障流程，更换电能表并送计量检定。

换表后次日，该台区线损正常。同时，实验室检定结果化整误差为 -32.1%，对该户同步发起电量补收流程。

该户合同约定容量 30kW，现场检查实际装机容量 78kW，根据《供电营业规则》第 100 条规定：私自超过合同约定容量用电的除应拆除私增容量违约用电进行处理，补收违约使用电费 2400 元。

为此，某供电所对使用三相四线 5（60）A 直接接入式电能表用户，且最高日用电量大于 300kWh 的用户列出疑似过载用户清单，以台区为单位制定台区线损高损异常的排查问题清单，一旦某台区发生高损异常，则该台区对应下的问题清单用户作为第一排查要素，经过对该问题用户的现场检查、电流电压实测，判定是否因用户过载或超容用电导致电能表失真。

四、应用成效

此类异常用电情况在实际运行中较为突出，特别对于家庭工厂较为常见，用电量较大的台区需加强关注此类问题。三相四线 5（60）A

的表计，单班制生产，单台电机容量超过 15kW，日电量在 300kWh 左右的条件下，极易导致电能表电压线圈烧毁。在日常台区异常线损治理过程中，已成功排查异常台区 13 个，占高损异常台区的 70%。

彻底解决此类问题，一般做法是建议用户安装专用变压器。若确实不具备安装专用变压器的条件，主要采取以下措施：优化供电区域，对公共变压器进行增容，尽量靠近负荷中心；改造低压线路，增大线经和缩短供电半径；对台区进行集中补偿；用户表计根据负荷情况进行增容更换。

案例四 利用多系统数据比对排查线损率异常台区

一、概况描述

目前同期线损数据统计涉及多套系统，需从 PMS 系统中获公用线路、公用变压器档案信息，营销系统中获取配电变压器、台区、计量点档案信息及计量点与计量箱关系，GIS 平台各类设备的对应关系等。确保各系统的档案信息与实际对应，才能保证同期线损数据归真。因此，系统数据间的对比分析能有效核查出档案异常导致线损异常的情况，进一步提升同期线损数据质量。

二、问题剖析

对比采集系统和同期系统的台区线损数据，发现存在不一致情况，例如同期线损系统中台区"寺塘头"2018 年 7 月份台区线损率为 14.25%，线损超大，而对比采集系统中该台区 7 月份线损率为 9.45%。初步分析疑似同期系统中台区模型的光伏用户配置错误导致同一个台区在两套系统中统计的台区线损出现差异。

由于目前同期系统中光伏用户是系统自动配置在对应的台区下，根据营销系统该光伏用户的并网点所属台区进行配置，而采集系统台区供电量中光伏用户的反向电量是根据用户挂接的接入点所属台区进行统计的。如果营销系统中光伏并网点的所属台区与 PMS 系统中挂接的台区不同会导致同期系统与采集系统线损统计数据差异。另外，大台区切割成两个小台区，台区模型未及时调整也是导致两套线损数据不一致的原因之一。

三、提升措施

1. 整改思路

经过线损管理系统和采集系统的台区线损数据对比分析，核查出线损数据（包括台区线损率、供电量、售电量等）不一致的台区清单，初步分析差异原因，核实线损系统台区模型配置是否正常，台区低压营配对应关系是否正常。

2. 实施步骤

（1）异常清单梳理。每日梳理出同期系统与采集系统台区线损不一致的清单，下发至各供电所进行数据分析，并将分析处理结果日反馈至营销线，便于异常数据闭环跟踪。

（2）售电量差异分析。分析显示售电量差异后，进一步核查台区营配关系是否100%对应以及台区下是否存在办公用电未配置，根据分析进行整改。

（3）供电量差异分析。分析显示供电量差异后，核查系统中台区模型是否配置正确，发现异常配置情况时，在"线损系统→台区关口→台区关口管理"修正台区模型。

以寺塘头台区为例，比较线损管理系统和采集系统数据，发现其台区月度供电量存在差异，如图2-2所示，主要原因为3个光伏用户错误配置在寺塘头台区模型中，这3个光伏用户属于邻近的寺塘头B台，如图2-3、图2-4所示。

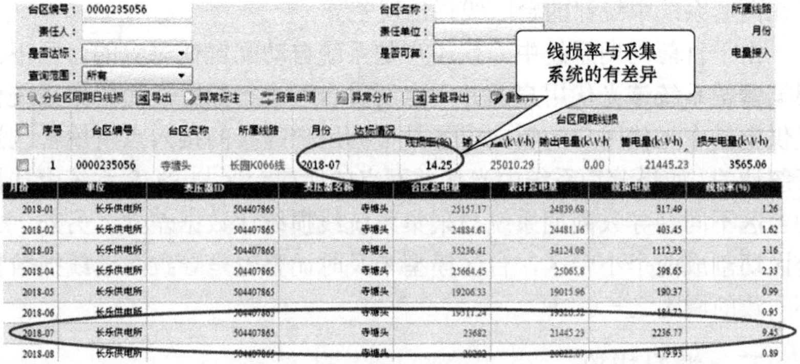

图2-2 同期系统台区线损情况

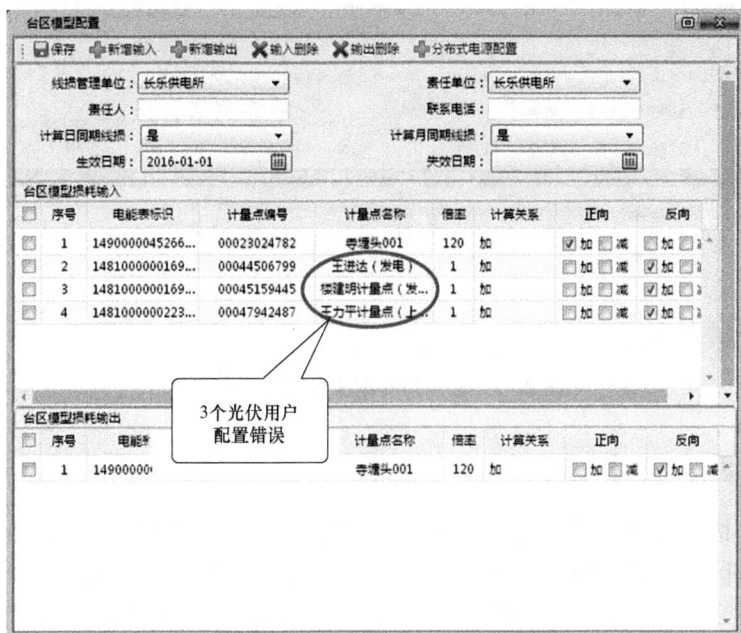

图2-3　同期系统台区模型配置情况

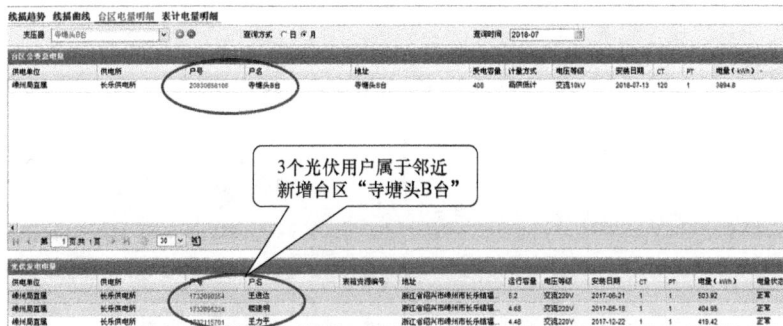

图2-4　同期线损系统台区模型配置情况

　　修改同期线损系统台区模型配置，使同期系统与采集系统数据保持统一，从2018年8月寺塘头台区线损率恢复正常，如图2-5所示。

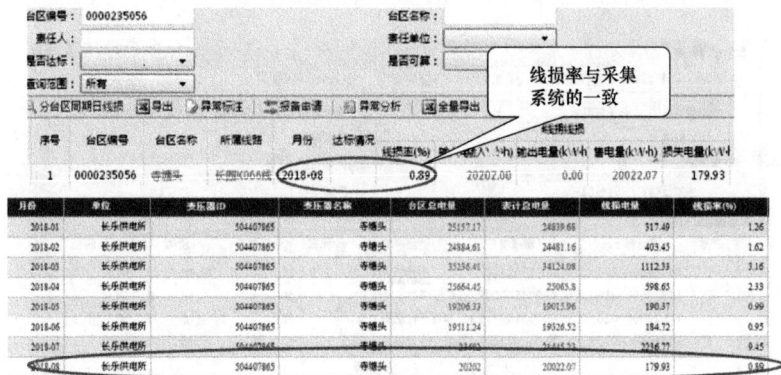

图 2-5　整改后寺塘头台区线损对比

四、应用成效

按照多系统核查比对的方法，定期对核查出的台区模型配置异常的台区进行集中整治，提升台区线损合格率。某供电公司 2018 年 5 月台区线损合格率为 96.2%，6 月台区线损合格率为 96.41%。经过集中整治，2018 年 7 月开始，台区线损合格率提升至 97.1%，作用明显，效果显著。

案例五　开展台区漏电检测严防电量跑、冒、滴、漏

一、概况描述

台区低压线路存在的漏电现象是影响线损率的一大隐患，借助漏电检测仪开展台区漏电排查，尤其是针对台区剩余电流动作保护器跳闸或有漏电嫌疑的台区重点排查，精准定位泄漏点，有效消除低压线路因绝缘破损、接头发热等电量泄漏损耗，提高低压电网节能降损管理水平。

二、问题剖析

台区低压线路漏电现象有隐蔽性强、无规律、数据再现困难等特点。采用巡线、停电试用等传统排查方法需要投入大量人力、物力，盲目性大，效率低。针对这一现象，某供电公司利用漏电检测装置和漏电检测系统对可疑台区进行漏电检测，大大增强了漏电检测效果，提高了线损治理的效率。

三、提升措施

1. 整改思路

对有剩余电流动作保护器跳闸或漏电嫌疑的台区，借助漏电检测仪系统性排查台区漏电故障，精准定位漏电故障点，消除电量滴、冒、跑、漏现象，促进低压电网节能降损。

2. 实施步骤

（1）常态化开展日线损监测，利用同期线损台区日计算结果，筛选出高损异常台区。

（2）现场排查计量装置是否正常，排除变户关系档案、模型配置、采集异常、窃电等影响因素。重点关注剩余电流动作保护器有跳闸现象的高损台区，将其作为疑似漏电台区安排漏电检测。

（3）使用漏电检测仪进行现场检测。根据漏电检测系统检测数据，定位漏电位置，开展安全用电检查，明确泄露原因，针对有绝缘破损、异物搭接、接头松动、错接线等原因导致的漏电现象，通过电缆更换等措施有效降低低压网损。

以蒋家埠 D 台为例：

该台区属新投运台区，相比同类型台区线损率偏大，变户关系准确，台区模型配置正确，现场巡视未发现窃电及计量故障等问题，且剩余电流动作保护器有跳闸记录，疑似漏电现象存在。现场测试位置及漏电流分布如图 2-6、图 2-7 所示。通过漏电数据汇总，发现蒋潭

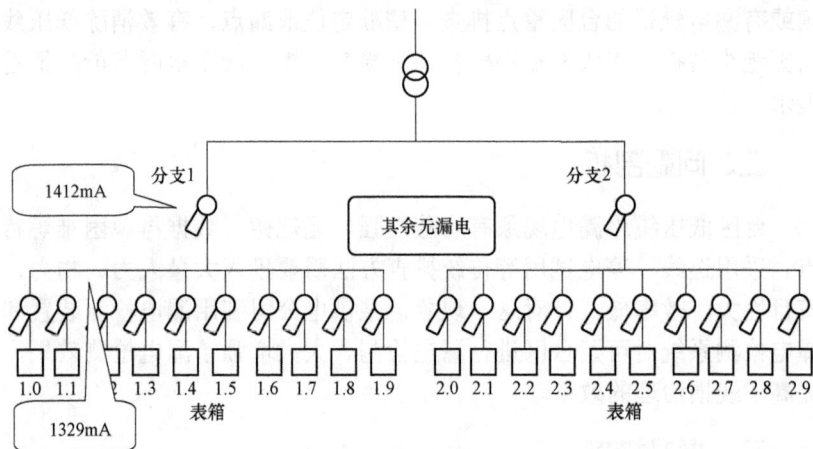

图 2-6　监测位置示意图

图 2-7　现场监测图

村 1 号公共变压器低压分支 1 处的泄漏电流曲线与低压用户 1.2 进线处的漏电曲线相近，平均漏电值持续在 1400mA 左右，如表 2-8 所示，判断泄漏点位于表箱 1.2 支线。台区经理现场查勘发现某低压用户表箱进线电缆破损。对电缆进行更换后，台区线损率由 8.34%下降到5.81%。

表 2-8 漏电测试数据分析

户名	最大漏电流（mA）	漏电开始时间	漏电结束时间	漏电次数	累计时间
分支 1	1412	08.15 12:50:38	8.16 00:00:18	2	11:09:44
表箱 1.2	1329	08.15 12:46:48	8.16 00:00:20	2	11:13:42

四、应用成效

通过漏电检测及时发现绝缘破损等台区低压线路漏电安全隐患，有针对性开展安全用电检查、安全用电宣传等工作，提高了安全用电管理水平。2019 年以来，某供电公司通过开展台区低压线路漏电检测共治理 9 个台区的 10 个漏电现象，其中 5 个台区线损率由 10%以上下降到了 7%以内，4 个台区线损率由 7%下降到 4%以内。消除了低压电网电量滴、冒、跑、漏现象，促进了台区节能降损工作成效。

案例六 利用负荷数据精准监测台区关口计量异常

一、概况描述

配电变压器监控终端在台区新增、终端（互感器）调换、配电柜调换时，容易发生错误接线。一般情况下，公用配电变压器监控终端的接线方式为三相四线，配置相应的电流互感器，和高供低计的专用变压器用户计量方式一致。现场检查时，往往检查人员未配置现场校验设备，或者导线使用同一颜色，或者安装位置紧凑，给现场检查带来一定困难和安全风险。

二、问题剖析

台区关口的正确计量是进行台区在线监测、台区线损统计的前提。一旦错误接线后，往往造成台区线损为负，且线损率绝对值较大。以三界镇 8 号公共变压器为例，该配电变压器增容更换电流互感器之后，台区线损率为 −10% 左右，排查其他因素后未发现异常，怀疑为错接线问题。

配电变压器监控终端错接线一般有电流反向、电压失压、联合接线盒电流连接片未打开等错误。单类异常可以利用终端三相电流、电压、有功功率、无功功率等间隔 15min 数据，通过电功率公式可以判断是否存在计量异常。

三、提升措施

1. 利用三相总有功功率与分相有功功率判断

正常情况下，公用配电变压器监控终端采集的三相总有功功率等于分相有功功率之和，即 $P_\text{总}=P_\text{U}+P_\text{V}+P_\text{W}$。通过用电信息采集系统召测实时的三相总有功功率和分相有功功率，再计算是否相等，可以判断哪一相电流回路存在反接问题。

某配电变压器监控终端新装之后，台区线损率在－170%左右。通过系统召测终端实时的三相总有功功率和分相有功功率，$P_{总}=0.115\,2kW$；$P_U=0.119\,6kW$；$P_V=0.139\,8kW$；$P_W=0.135\,4kW$。计算可知：$P_{总}\neq P_U+P_V+P_W$；$P_{总}=P_U-P_V+P_W$。经现场检查，终端 V 相电流反接。

2. 利用总功率因数与分相功率因数判断

正常情况下，三相负荷基本平衡，总功率因数和分相功率因数基本相等，因为分相功率因数由终端采样的电压电流分相计算得出。如果移相接线后，错误相功率因数角由原来的 φ 变成（$120°+\varphi$）和（$120°-\varphi$），假设是 U、W 相移相错接线，那么总有功功率 $P'_{总}=P'_U+P_V+P'_W=U_UI_W\cos（120°-\varphi）+U_VI_V\cos\varphi+U_WI_U\cos（120°+\varphi）$，在三相负荷平衡的时候，$P'_{总}=0$。

实际运行情况中，公用配电变压器不一定三相平衡，发生移相后，正向有功总电能仍可能有少量数值，反向总电量往往为零，而接线错误的两相将产生较大的反向电量。最明显的是，总功率因数在正常值范围内，而故障相功率因数角度变化大，错误接线的两相功率因数值比约为2:1。

以东王村配电变压器为例，系统召测数据得知，瞬时有功功率 $P_{总}=0.261\,1kW$，$P_U=0.036\,6kW$，$P_V=0.146\,5kW$，$P_W=0.078\,0kW$，$P_{总}=P_U+P_V+P_W$，三相负荷不平衡，（当前）反向总有功电能=0，（当前）反向 U 相有功电能=1.13，（当前）反向 V 相有功电能=0.00，（当前）反向 W 相有功电能=2.76。由于 U、W 相反向有功电能均有数值而反向总有功电能为零，和移相错误接线状况类似，但是正向有功功率、有功电能示值同样存在数值，且与实际用电负荷差距不大。需要利用功率因数来验证是否存在移相。召测当前总功率因数为0.982，U 相功率因数为0.331，V 相功率因数为0.980，W 相功率因数为0.652 7。U、W 两相的功率因数与总功率因数不等，电压、电流对调的可能性非常大。经现场检查，错误类型与判断一致。

四、应用成效

利用负荷数据根据相应的电功率公式计算出具体的故障相、接线错误相，将给排查处理提供明确的信息，减少处理的难度和风险。

　　某供电公司从配电变压器监控终端采集的每天 96 点负荷数据，通过在线分析的方法，可以开展计量异常在线判断，对现场更正错接线及消除装置故障提供了理论依据，2019 年利用此方法，快速锁定错接线事件 7 件，有助于提升台区日线损指标。

案例七 高损光伏台区治理之关口采集核查

一、概况描述

随着光伏设备的爆发性增长，特别是低压光伏用户的日趋增多，对低压台区档案管理造成了很大的困难，导致了台区线损模型的复杂化，容易造成含光伏台区模型的错误，影响台区同期线损的计算。

二、问题剖析

低压光伏在台区计算中主要存在上网电量，而当光伏上网电量超出台区所能消纳的范围，台区会倒送上网电量至配电网，造成台区总表出现反向电量，而传统台区采集中默认不采集台区反向电量，将会造成光伏台区出现线损偏高的异常现象。如黄泽甲青 A 台，台区下含 8 个 380V 并网光伏用户，台区线损一直在 20%～50%波动，线损异常偏高。

三、提升措施

1. 整改思路

通过排查高损光伏台区，定位光伏台区异常原因。对反向采集缺失台区，在用电信息采集系统加入台区总表反向采集任务，消除光伏反送电影响，并对存量光伏台区均完成任务投运。为了防止后续出现类似情况，建立低压台区光伏用户接入管理流程，完善管理制度，指导供电所处理光伏台区线损问题。

2. 实施步骤

（1）高损光伏台区异常原因分析。对黄泽甲青 A 台开展异常排查，在采取台区户变关系核查，窃电、漏电专项检查，台区无表用户普查等措施后，台区线损依然持续偏高。通过查看台区下光伏用户上网电量，以 2019 年 2 月 8 日为例，8 个光伏总上网电量为 956.6kWh，而该台区用户售电量仅为 546.99kWh，线损率高达 59.27%。通过台区总表查看，总表并无反向电量上传，因此怀疑为台区总表缺少反向计量功能。经过台区经理及计量人员现场查看，台区总表实际具备反向计量功能，经用电信息采集系统查看，问题在于用采系统默认不采集台区总表反向电量。

（2）存量光伏台区反向采集任务投运。在发现因用采系统默认不采集台区总表反向电量造成光伏台区出现异常高损后。要求各供电所排摸现有光伏台区，编制《用采系统终端投入反向电量功能操作手册》，指导各供电所完成存量全部光伏台区总表反向电量采集任务投运工作，实现存量光伏台区全整改，消除反向采集缺失影响。

（3）建立低压台区光伏用户接入管理流程。为确保新接入光伏用户后的台区不再出现反向采集缺失问题。建立低压台区光伏用户接入管理流程，要求各供电所在完成光伏用户营销系统流程归档后，供电所人员需在当天完成用电采集系统所属台区总表的反向采集任务投运，并同期线损系统完成档案同步后，完成该用户的台区配置工作。

四、应用成效

黄泽甲青 A 台在完成整治后，线损恢复至 3%左右，线损数据实现归真。通过该方法，彻底消除光伏用户对台区线损的影响，确保了光伏台区模型的真实与准确，同时建立了低压台区光伏用户的接入管理流程，为之后的光伏用户接入工作明确了流程，保证后续光伏接入不再影响台区线损。

案例八 以"竞"促"动"有效 提升台区管理水平

一、概况描述

某供电公司实施台区网格化管理,每个台区落实对应的台区经理。但原有的台区线损考核体系未能充分激励台区经理的积极性,台区线损达标率达到 95%后遭遇瓶颈,难以有效提升,需要进一步深化激励措施。

二、问题剖析

针对目前网格化台区管理模式,原有的绩效考核机制过于粗放,指标考核较为宏观,仅考核总体线损达标率,并以供电所为考核对象,定向激励不明显,无法适应目前的网格化管理模式,须对原有考核机制进行改进完善。可根据网格化划分,将台区线损考核落实到具体台区,突出激励到岗位人员,提升台区经理的工作积极性。

三、提升措施

1. 整改思路

突出管理正向激励,倡导"多劳多得,不劳不得",进一步发挥供电所台区经理工作积极性。开展低压台区同期线损治理劳动竞赛,对台区线损进行区间划分,不同区间实施差异化考核,台区经理作为第一考核人,月度考核、季度结算,实现考核的闭环管理。

2. 实施步骤

(1)制定合理的低压台区同期线损劳动竞赛方案。

明确开展劳动竞赛服务区范围,建立适应台区网格化管理模式的考核体系,对试点服务区开展劳动竞赛,检验方案合理性与有效性,对不合理部分及时调整修改。

(2)明确劳动竞赛考核办法。

原有的考核机制仅针对总的台区线损达标率，未明确到单个台区的线损率考核，与目前台区的网格化管理模式不适应，首先需对低压台区同期线损指标实行分区间分档考核细化。

按照台区线损管理考核规定，对单个台区线损率进行区间划分，总共划分为 4 个区间，不同区间实行不同考核标准，其中第一档与第四档实行绩效惩罚，第二档与第三档实行绩效奖励，第二档奖励标准高于第三档。具体区间划分如表 2-9 所示。

表 2-9 单个台区线损率考核区间划分表

区间	线损率	区间	线损率
第一档	$a<0$	第三档	$4\%<a\leqslant7\%$
第二档	$0\leqslant a\leqslant4\%$	第四档	$a>7\%$

同时，本年度新增台区作为过渡期考核，过渡期为 6 个月，过渡期内台区负荷达到 30%以后，按正常运行台区考核指标执行。

低压台区同期线损管理竞赛采用单月考核、按季结清方式，具体奖励发放到台区经理。若台区经理存在通过调节用户、表计、抄表例日等方式调整线损，一经发现，追回所有奖励，并进行严厉考核。

（3）实施月度跟踪，实现闭环管理。

各供电所按照四个线损区间进行考核，各供电所于每月 5 日之前将线损报表及台区经理的考核明细上报营销部，营销部经审核后进行统一评定，并就考核结果通报公示。考核奖罚直接落实到 82 位台区经理，做到赏罚分明。

四、应用成效

通过开展低压台区同期线损治理劳动竞赛，差异化考核台区经理，拉开台区经理间收入差距，充分激发了台区经理的工作积极性，大大提升了台区线损的治理效率，公司分台区线损从 2018 年 3 月的 95.69%提升至次年 3 月的 98.36%，指标提升明显。

案例九　变户关系测试仪——台区变户关系核查之利器

一、概况描述

变户一致率是营配贯通的基本要求，也是台区线损正确可算的前提条件，在一些老旧小区变户一致率治理的过程中，借助智能低压台区识别仪可以快速判断变户关系，弥补人工核查效率低、准确性差的不足，避免了依赖停电来判断变户关系，既耗时又影响供电服务质量的传统方法。

二、问题剖析

在 0.4kV 低压配电网中，低压台区所属的变压器、电缆分支箱和表箱是最基本的组成单元，三者的从属关系则是低压台区组成单元最基本的关系。现实运维中，变户不一致现象的存在是影响台区线损正确可算的重要因素之一。城南供电所有线损异常的 15 个老旧台区，因台区基础资料或电缆走向标识标牌缺失，变户关系核查困难，如果要依赖停电来判断，不仅效率低，而且影响供电服务质量。

三、提升措施

1. 整改思路

针对辖区内疑似变户关系不一致的老旧小区台区，借助智能低压台区识别仪进行变户一致率核查，快速完成变户关系判断、整改，有效解决因变户不一致导致的台区线损异常。

2. 实施步骤

（1）通过同期线损系统筛选出线损异常台区，排除采集异常、窃电、模型配置等影响因素，将疑似有变户不一致情况的台区作为重点核查对象。

（2）对变户不一致台区现场排查，用传统方法无法快速直接判定的，使用台区变户关系识别仪开展变户核查整治。利用区变户关系识别仪，包含 3 台主机发生器，1 台手持式掌机和人员测试安全防护器具等，基本原理为主机发生器通过三相四线方式搭接变压器低压侧，通过载波方式在搭接变压器线路中调制进主机发生器相应的波段，再由测试人员手持掌机对电缆分支箱和表箱等进行测量，掌机中在测量后，自动显示该电缆分支箱和表箱等从属于哪个主机发生器搭接变压器，甚至能分辨单相用户从属变压器三相中的哪一相。配电房出线和分支箱接线如图 2-8、图 2-9 所示。

图 2-8　配电房出线侧接线图　　　　图 2-9　分支箱接线

分支箱测试结果显示该分支箱对应 1 号台区 A 相，表计侧显示无台区，即不属于 1 号台区。

四、应用成效

通过使用台区变户关系识别仪，城南供电所共完成了 15 个异常台区、960 个低压用户的变户关系核查，城南供电所辖区内变户一致率达到 100%，台区日线损达标率维持在 99% 以上。并向其他供电所推广经验，促进了公司整体台区达标率的提升。

案例十 构建电能表运行状态 精准评价体系

一、案例背景

同期线损以供、用电同步采集和在线监测为核心,以台区线损达标治理额精准降损为重点,突出线损管控的实时性,实现了线损管理的集约化、信息化和精益化,线损管理模式得到全面升级。

隐蔽的窃电手段、电能表运行状态异常、电能表失准等情况是影响线损的主要重要原因之一,如何运用同期线损的大数据来解决这些问题,某供电公司建立了电能表运行状态精准评价体系。

二、案例内容

1. 大数据集成

联合一体化系统、用采系统、营销系统、MDS 系统等各系统的开发运维单位,为电能表运行状态精准评价体系做好大数据集成支撑。

2. 算法优化

应用台区总表与用户表的总分关系以及能量守恒原理,将历史电量与档案进行模型迭代,综合线损区县分析,精确定位电能表运行状态异常、电能表失准和用户窃电等情况。

根据 RDIM 模型计算定位的疑似超差运行表计,通过抽取计量在线监测与智能诊断模块的异常数据,并查看电能表异常事件,将计算的误差结果与异常事件进行比对和分析。

基于模型计算出的表计运行误差,进一步查看台区总表供电量曲线、台区线损率曲线、误差表用电量曲线和表计误差曲线,并对四条曲线进行关联分析。

将台区线损数据与台区下个体智能电能表电量数据进行关联分析、将台区总电量与台区下个体智能电能表电量数据进行关联分析、将智能电能表电量数据与采集事件数据进行关联分析,通过上述一系

列关联分析，最终输出台区误差云图和异常计量点分析结果如图 2-10
和表 2-10 所示。

表 2-10　　　　　　　　　异常计量点分析结果

表 ID	表规格	计算误差	模型分析结果
308×××484	5.0（60）A	−2.91%（0.41%）	历史过量程
810×××952	5.0（60）A	3.10%（0.52%）	超差

3. 平台支撑

电能表运行状态精准评价体系利用采集闭环管理模块对上述算法
生成的异常清单进行流程化管理，通过异常生成、异常派工、现场处
理、结果反馈、异常归档五个步骤对异常工单进行闭环管理。

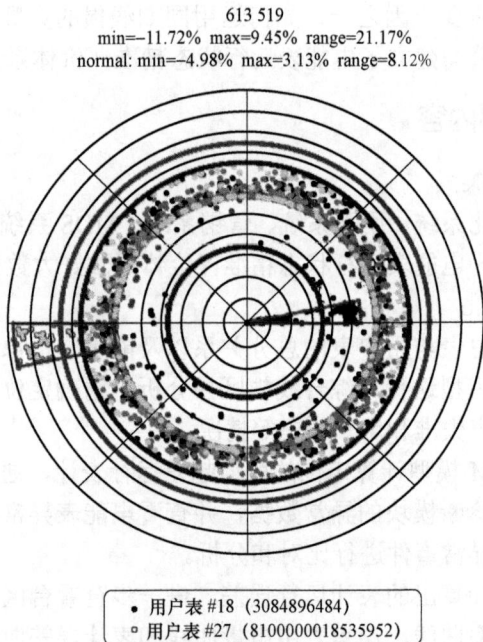

613 519
min=−11.72%　max=9.45%　range=21.17%
normal: min=−4.98%　max=3.13%　range=8.12%

● 用户表 #18（3084896484）
○ 用户表 #27（8100000018535952）

图 2-10　台区误差云图

4. 情况说明

台区：联江（谢家）公共变压器

利用台区线损率、总表用电曲线和用户用电曲线等数据分析表计

的运行情况如图 2-11、图 2-12 所示。

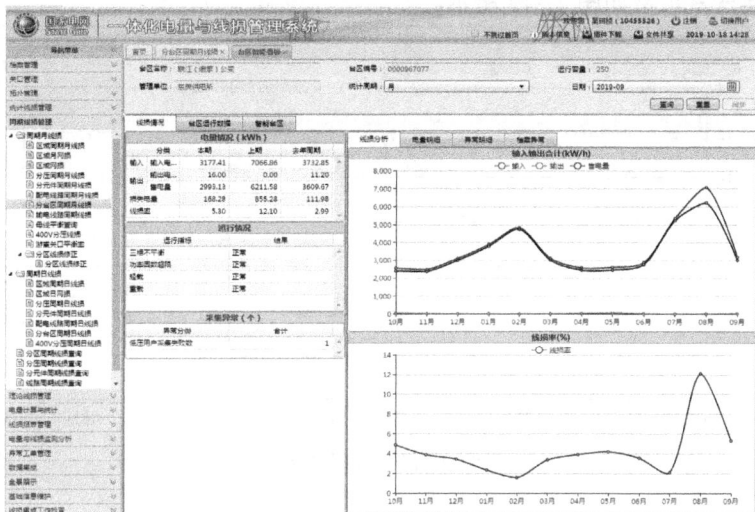

图 2-11　台区线损率图

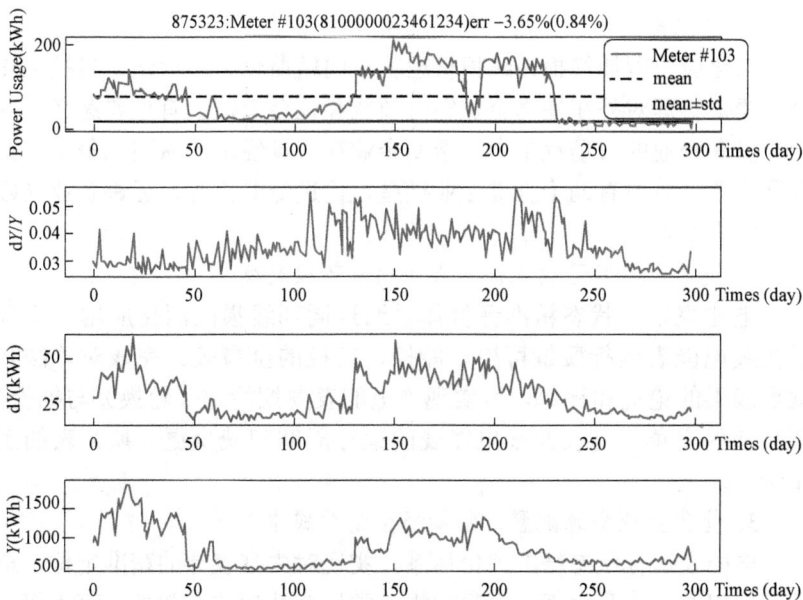

图 2-12　用电曲线图

等出结论户号 1711177990 的表计运行误差为−8.2%。更换表计后线损恢复正常如图 2−13 所示。

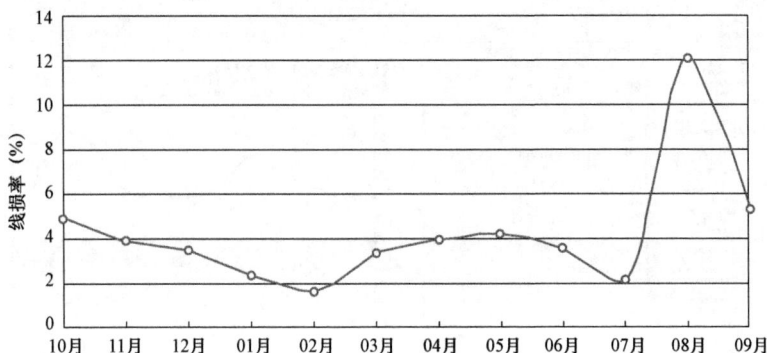

图 2−13 线损率图

三、案例成效

1. 深化同期线损应用，促进企业降本增效

深化应用同期线损使线损管理工作向精益化、专业化、科技化转变。线损管理对外在提高企业经济效益和社会效益上有重要意义，有助于提高企业的市场竞争力，帮助企业在市场经济的激烈竞争中占据有利位置；对内有助于打破专业壁垒，促进专业协同，促进企业良好运转降本增效。

2. 变革表计管理模式，实现向精准轮换转变

电能表运行状态精准评价体系通过同期线损的深化应用，实现了在线电能表运行质量可控、能控、在控的全覆盖。完成对算法和试点成果的论证和评审，可实现"电能表周期检定（轮换）与抽检"革命性的变革，延长在线电能表的运行周期和减少更（换）表的工作量。

3. 优化企业资源配置，降低资金运营成本

电能表运行状态精准评价体系，实现对失准表计的精准定位，提升了线损维护人员对现场台区线损异常排查处理的有效性，可大幅减少无效出工，提升防窃查违等基础工作成效。

4. 履行人民电业为人民，提升客户服务满意度

电能表运行状态精准评价体系，对故障表计先觉发现、主动处理，减少了因表计质量问题引起的抢修、投诉工单，不断提升客户服务满意度。不但夯实了计量精益管理，同时降低了投诉风险，切实履行了公司人民电业为人民的承诺。

第三章 变电站侧

案例一 利用 SCADA 积分电量校核分线高损根源

　　35kV 富北 3K80 线是 110kV 富润变电站和 35kV 北山变电站的联络线，为备用线路，出现略微超出线损率指标的情况，并未影响到富润变电站和北山变电站的母线平衡率，因此一直未得到重视。结合公司高损、负损线路和台区治理工作的开展，调控分中心也针对该线路开展了专项治理工作。

　　因为只是略微超出线损率指标，单从两侧变电站母线平衡率情况无法简单看出问题根源。因此自动化人员采用 E5100 电能量采集系统采集电量与数据采集与监视控制系统（Supervisory Control and Data Acquisition，SCADA）积分电量进行校核比对的方法，对线路两侧的电量进行比对。首先判断问题是否出在某侧变电站，若两侧变电站电量比对均在误差范围内，则说明问题出在线路上，如图 3-1 所示。

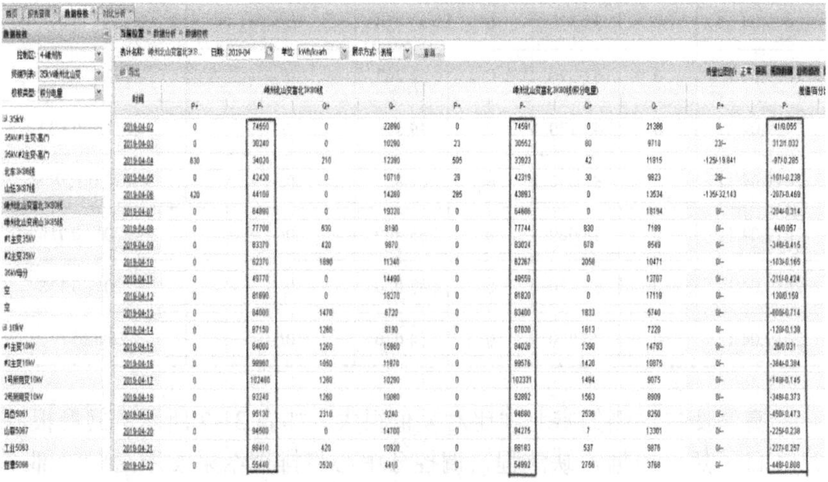

图 3-1　两侧变电站电量比对图

2019 年 4 月北山变电站侧的富北线比对结果如表 3-1 所示,显示差值小,百分比基本在 1% 以下,一切正常。富润变电站侧润山线同期的比对结果如图 3-2 所示。

表 3-1　　35kV 北山变电站富北 3K80 线 4 月校核数据列表

时间	北山变电站富北 3K80 线		北山变电站富北 3K80 线(积分电量)		差值/百分比(%)	
	P+	P-	P+	P-	P+	P-
2019.04.01	0	62 790	0	62 678	0/--	-112/-0.178
2019.04.02	0	74 550	0	74 591	0/--	41/0.055
2019.04.03	0	30 240	23	30 552	23/--	312/1.032
2019.04.04	630	34 020	505	33 923	-125/-19.841	-97/-0.285
2019.04.05	0	42 420	29	42 319	29/--	-101/-0.238
2019.04.06	420	44 100	285	43 893	-135/-32.143	-207/-0.469
2019.04.07	0	64 890	0	64 686	0/--	-204/-0.314
2019.04.08	0	77 700	0	77 744	0/--	44/0.057
2019.04.09	0	83 370	0	83 024	0/--	-346/-0.415
2019.04.10	0	62 370	0	62 267	0/--	-103/-0.165
2019.04.11	0	49 770	0	49 559	0/--	-211/-0.424
2019.04.12	0	81 690	0	81 820	0/--	130/0.159
2019.04.13	0	84 000	0	83 400	0/--	-600/-0.714
2019.04.14	0	87 150	0	87 030	0/--	-120/-0.138
2019.04.15	0	84 000	0	84 026	0/--	26/0.031

富润变电站侧的富北线比对差值很大,如表 3-2 所示,问题根源已一目了然。根据消缺流程,调控分中心将排查结果发送给营销部,营销部计量人员通过现场表计、电流互感器校验、计量装置二次回路检查,最终查明是电流互感器精度问题,通过更换电流互感器问题得

106

到解决。2019 年 5 月比对数据如表 3-3 所示，校核误差值已基本控制在 1%左右，分线线损也回到了合格范围内。

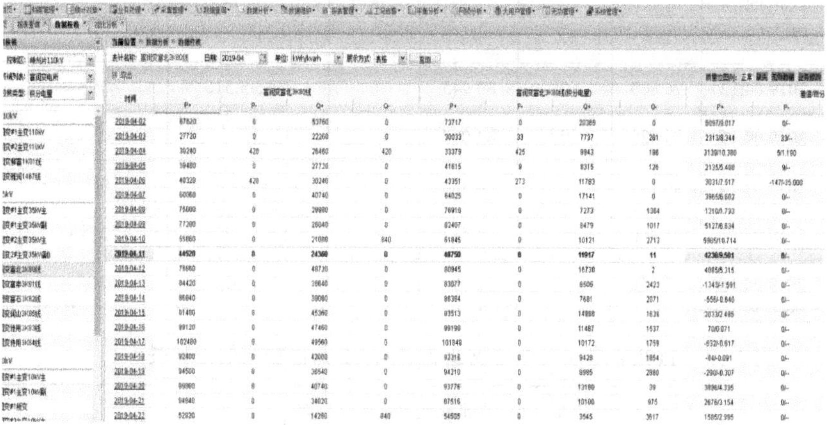

图 3-2　富润变电站测润山线同期对比图

表 3-2　110kV 富润变电站富北 3K80 线 4 月份校核数据列表

时间	富润变电站富北 3K80 线		富润变电站富北 3K80 线（积分电量）		差值/百分比（%）	
	P+	P-	P+	P-	P+	P-
2019.04.01	– –	0	61 885	0		0/– –
2019.04.02	67 620	0	73 717	0	6097/9.017	0/– –
2019.04.03	27 720	0	30 033	33	2313/8.344	33/– –
2019.04.04	30 240	420	33 379	425	3139/10.380	5/1.190
2019.04.05	39 480	0	41 615	9	2135/5.408	9/– –
2019.04.06	40 320	420	43 351	273	3031/7.517	−147/−35.000
2019.04.07	60 060	0	64 025	0	3965/6.602	0/– –
2019.04.08	75 600	0	76 910	0	1310/1.733	0/– –
2019.04.09	77 280	0	82 407	0	5127/6.634	0/– –
2019.04.10	55 860	0	61 845	0	5985/10.714	0/– –
2019.04.11	44 520	0	48 750	0	4230/9.501	0/– –

时间	富润变电站富北3K80线		富润变电站富北3K80线（积分电量）		差值/百分比（%）	
	P+	P-	P+	P-	P+	P-
2019.04.12	76 860	0	80 945	0	4085/5.315	0/－－
2019.04.13	84 420	0	83 077	0	－1343/－1.591	0/－－
2019.04.14	86 940	0	86 384	0	－556/－0.640	0/－－
2019.04.15	81 480	0	83 513	0	2033/2.495	0/－－
2019.04.16	99 120	0	99 190	0	70/0.071	0/－－

表3-3　110kV 富润变电站富北 3K80 线 5 月份校核数据列表

时间	富润变电站富北3K80线		富润变电站富北3K80线（积分电量）		差值/百分比（%）	
	P+	P-	P+	P-	P+	P-
2019.05.13	0	0	0	0	0/－－	0/－－
2019.05.14	0	0	0	0	0/－－	0/－－
2019.05.15	0	0	0	0	0/－－	0/－－
2019.05.16	0	0	0	0	0/－－	0/－－
2019.05.17	0	0	0	0	0/－－	0/－－
2019.05.18	0	0	0	0	0/－－	0/－－
2019.05.19	0	0	0	0	0/－－	0/－－
2019.05.20	0	0	0	0	0/－－	0/－－
2019.05.21	0	0	0	0	0/－－	0/－－
2019.05.22	21 000	0	20 371	0	－629/－2.995	0/－－
2019.05.23	44 940	0	44 361	0	－579/－1.288	0/－－
2019.05.24	60 900	0	60 086	0	－814/－1.337	0/－－
2019.05.25	65 520	0	64 431	0	－1089/－1.662	0/－－
2019.05.26	69 300	0	68 175	0	－1125/－1.623	0/－－
2019.05.27	57 540	0	56 480	0	－1060/－1.842	0/－－

续表

时间	富润变电站富北 3K80 线		富润变电站富北 3K80 线（积分电量）		差值/百分比（%）	
	P+	P−	P+	P−	P+	P−
2019.05.28	57 120	0	56 324	0	−796/−1.394	0/− −
2019.05.29	53 760	0	52 687	0	−1073/−1.996	0/− −
2019.05.30	51 660	0	50 859	0	−801/−1.551	0/− −
2019.05.31	53 760	0	52 960	0	−800/−1.488	0/− −

　　SCADA 积分电量校核是 E5100 里面很实用的一项功能，虽然其精度不能跟计量表计相比，但作为一个比对工具已足够满足要求，其具体位置在 E5100 系统里面的数据分析→比对分析中。

案例二 扩展电能表底码有效小数位，有效消除负线损

一、案例背景

为进一步做好国网同期线损系统的数据支撑力度，提升电量采集系统电能表源头基础数据质量，电力调控中心作为电量采集系统数据源头的管控部门，以"母线平衡率""分线线损率""电能表表底完整率"等指标为抓手，以消除负线损、高线损为目标，优化创新变电站电能表及电采系统的功能，完善数据质量校核技术，高效助力全达标样板工程建设试点工作的顺利进行。

二、现状分析

截至 2019 年 10 月，某供电公司所辖 35kV 及以上分线线路合计 549 条，变电站联络线特别是 110kV 及 220kV 变电站之间的联络线，由于变电站典型设计中电流互感器变比大，从而导致电能表倍率过大，如 110kV 上曹 1435 线（设计电流互感器变比为 1600/1，电能表倍率为 1 760 000），天姥变电站 220kV 澄天 23X3 线（设计电流互感器变比 2500/1，电表倍率为 5 500 000）。

而目前电能量采集系统（Energy Remote Terminal Unit，ERTU）采集电能表止度只保留 2 位有效位小数，小数点 2 位后均实行四舍五入的方式（如电能表走字 0.000 1～0.004 9，则以电能表 0 走字计数，显示该线路电能表电量为 0kWh；而电能表走字 0.005 0～0.009 9，则以电能表 0.01 走字计数，折算电量分别为 17 600kWh、55 000kWh），从而导致了高倍率电能表计量的线路在小负荷（17 600kWh 或 55 000kWh 以下）运行的情况下，电能表走字幅度较多只在小数点后 3～4 位变动，按照四舍五入的原则，电量在 8800kWh 或 27 500kWh 以内的，电能表窗口显示电量直观显示为 0，而电量在 8800kWh 或 27 500kWh 及以上的，则采集电能表电量显示走字

增量 0.01，从而出现了电量采集曲线上下幅度发生跳变现象，如图 3-3～图 3-6 所示。

时间	05分	10分	15分	20分	25分	30分	35分	40分	45分	50分	55分	60分
00时	18.1200	18.1300	18.1300	18.1300	18.1300	18.1300	18.1300	18.1300	18.1300	18.1300	18.1300	18.1300
01时	18.1300	18.1300	18.1300	18.1300	18.1300	18.1300	18.1300	18.1300	18.1300	18.1400	18.1400	18.1400
02时	18.1400	18.1400	18.1400	18.1400	18.1400	18.1400	18.1400	18.1400	18.1400	18.1400	18.1400	18.1400
03时	18.1400	18.1400	18.1400	18.1400	18.1400	18.1400	18.1400	18.1500	18.1500	18.1500	18.1500	18.1500
04时	18.1500	18.1500	18.1500	18.1500	18.1500	18.1500	18.1500	18.1500	18.1500	18.1500	18.1500	18.1500
05时	18.1500	18.1500	18.1500	18.1500	18.1500	18.1600	18.1600	18.1600	18.1600	18.1600	18.1600	18.1600
06时	18.1600	18.1600	18.1600	18.1600	18.1600	18.1600	18.1600	18.1600	18.1600	18.1600	18.1600	18.1700
07时	18.1700	18.1700	18.1700	18.1700	18.1700	18.1700	18.1700	18.1700	18.1700	18.1700	18.1700	18.1700
08时	18.1700	18.1800	18.1800	18.1800	18.1800	18.1800	18.1800	18.1800	18.1800	18.1800	18.1800	18.1800
09时	18.1800	18.1800	18.1800	18.1800	18.1900	18.1900	18.1900	18.1900	18.1900	18.1900	18.1900	18.1900
10时	18.1900	18.1900	18.1900	18.1900	18.2000	18.2000	18.2000	18.2000	18.2000	18.2000	18.2000	18.2000
11时	18.2000	18.2000	18.2000	18.2000	18.2000	18.2100	18.2100	18.2100	18.2100	18.2100	18.2100	18.2100
12时	18.2100	18.2100	18.2100	18.2100	18.2100	18.2100	18.2100	18.2100	18.2200	18.2200	18.2200	18.2200
13时	18.2200	18.2200	18.2200	18.2200	18.2200	18.2200	18.2200	18.2300	18.2300	18.2300	18.2300	18.2300
14时	18.2300	18.2300	18.2300	18.2300	18.2300	18.2300	18.2300	18.2300	18.2300	18.2300	18.2300	18.2400
15时	18.2400	18.2400	18.2400	18.2400	18.2400	18.2400	18.2400	18.2400	18.2400	18.2400	18.2400	18.2400
16时	18.2400	18.2500	18.2500	18.2500	18.2500	18.2500	18.2500	18.2500	18.2500	18.2500	18.2500	18.2500
17时	18.2500	18.2500	18.2500	18.2500	18.2600	18.2600	18.2600	18.2600	18.2600	18.2600	18.2600	18.2600
18时	18.2600	18.2600	18.2600	18.2600	18.2600	18.2600	18.2600	18.2700	18.2700	18.2700	18.2700	18.2700
19时	18.2700	18.2700	18.2700	18.2700	18.2700	18.2700	18.2700	18.2700	18.2700	18.2700	18.2700	18.2800
20时	18.2800	18.2800	18.2800	18.2800	18.2800	18.2800	18.2800	18.2800	18.2800	18.2800	18.2800	18.2800

图 3-3　上曹 1435 线 2 位有效小数电能表采集日电量分时窗口值

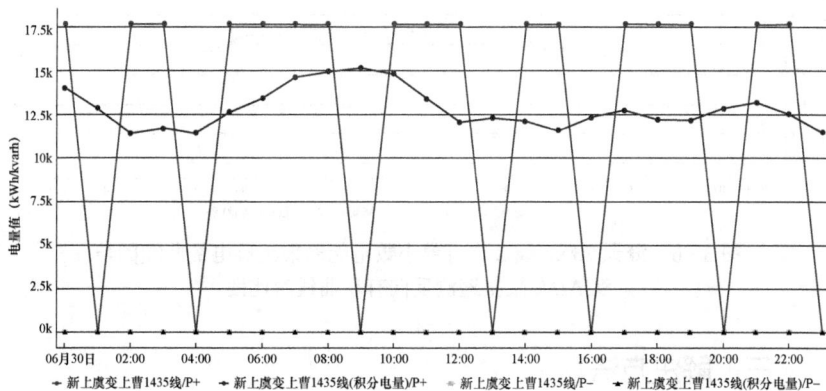

图 3-4　上曹 1435 线 2 位有效小数电能表采集日电量曲线图与
SCADA 采集遥测正向有功曲线对比图

时间		05分	10分	15分	20分	25分	30分	35分	40分	45分	50分	55分	60分
☑ 220kV	00时	34.6700	34.6700	34.6700	34.6700	34.6700	34.6700	34.6700	34.6700	34.6700	34.6700	34.6700	34.6800
天姥变澄天23X3线	01时	34.6800	34.6800	34.6800	34.6800	34.6800	34.6800	34.6800	34.6800	34.6800	34.6800	34.6800	34.6800
天姥变澄桥23X4线	02时	34.6800	34.6800	34.6800	34.6800	34.6800	34.6800	34.6800	34.6800	34.6800	34.6800	34.6800	34.6800
☑ 110kV	03时	34.6800	34.6800	34.6800	34.6800	34.6800	34.6800	34.6800	34.6800	34.6800	34.6800	34.6800	34.6800
	04时	34.6900	34.6900	34.6900	34.6900	34.6900	34.6900	34.6900	34.6900	34.6900	34.6900	34.6900	34.6900
天姥变天三1P11线	05时	34.6900	34.6900	34.6900	34.6900	34.6900	34.6900	34.6900	34.6900	34.6900	34.6900	34.6900	34.6900
天姥变天西1P04线	06时	34.6900	34.6900	34.6900	34.6900	34.6900	34.6900	34.6900	34.6900	34.6900	34.6900	34.6900	34.6900
天姥变线晶1P08线	07时	34.6900	34.6900	34.6900	34.6900	34.7000	34.7000	34.7000	34.7000	34.7000	34.7000	34.7000	34.7000
	08时	34.7000	34.7000	34.7000	34.7000	34.7000	34.7000	34.7000	34.7000	34.7000	34.7000	34.7000	34.7100
	09时	34.7000	34.7000	34.7000	34.7000	34.7000	34.7000	34.7000	34.7000	34.7000	34.7000	34.7100	34.7100
	10时	34.7100	34.7100	34.7100	34.7100	34.7100	34.7100	34.7100	34.7100	34.7100	34.7100	34.7100	34.7100
	11时	34.7100	34.7100	34.7100	34.7100	34.7100	34.7100	34.7100	34.7100	34.7100	34.7100	34.7100	34.7100
	12时	34.7100	34.7100	34.7100	34.7200	34.7200	34.7200	34.7200	34.7200	34.7200	34.7200	34.7200	34.7200
	13时	34.7200	34.7200	34.7200	34.7200	34.7200	34.7200	34.7200	34.7200	34.7200	34.7200	34.7200	34.7200
	14时	34.7200	34.7200	34.7200	34.7200	34.7200	34.7200	34.7200	34.7200	34.7200	34.7300	34.7300	34.7300
	15时	34.7300	34.7300	34.7300	34.7300	34.7300	34.7300	34.7300	34.7300	34.7300	34.7300	34.7300	34.7300
	16时	34.7300	34.7300	34.7300	34.7300	34.7300	34.7300	34.7300	34.7300	34.7300	34.7300	34.7300	34.7300
	17时	34.7400	34.7400	34.7400	34.7400	34.7400	34.7400	34.7400	34.7400	34.7400	34.7400	34.7400	34.7400
	18时	34.7400	34.7400	34.7400	34.7400	34.7400	34.7400	34.7400	34.7400	34.7400	34.7400	34.7400	34.7400
	19时	34.7400	34.7400	34.7400	34.7400	34.7400	34.7400	34.7400	34.7400	34.7400	34.7400	34.7400	34.7400
	20时	34.7500	34.7500	34.7500	34.7500	34.7500	34.7500	34.7500	34.7500	34.7500	34.7500	34.7500	34.7500
	21时	34.7500	34.7500	34.7500	34.7500	34.7500	34.7500	34.7500	34.7500	34.7500	34.7500	34.7500	34.7500

图 3-5　天姥变电站澄天 23X3 线 2 位有效小数电能表
采集日电量分时窗口值

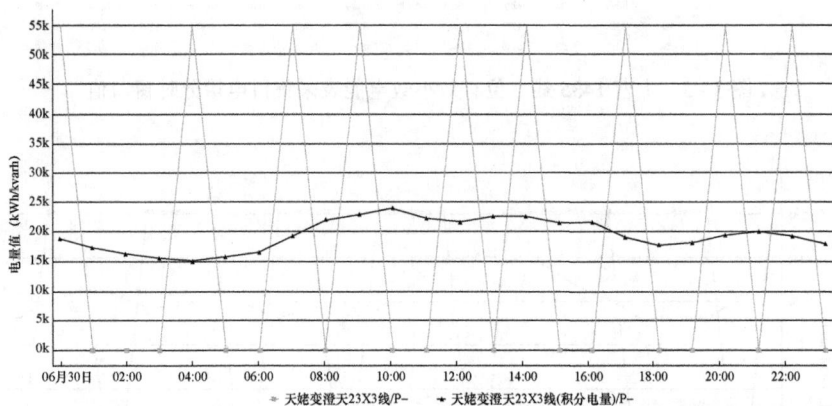

图 3-6　澄天 23X3 线 2 位有效小数电能表采集日电量曲线图与
SCADA 采集遥测反向有功曲线对比图

三、解决方法

　　为了达到现场高倍率电能表线路电量的采集数值保持与实际电量负荷保持尽可能一致（或者误差缩小），由调控中心牵头，与公司营销部计量中心、变电运维室、变电检修室等多部门共同进行现状分析，查找问题根源，最终锁定问题根源在线路的计量倍率过大，在线路轻载或者小负荷的情况下，ERTU 采集的电能表电量的精度不够，不足以真实体现线路实际的负荷曲线。如果电能表采集将原有效位 2 位小数，升级扩展至 4 位有效小数位，同时对 ERTU 以及调度电量采集主站系统同步进行相应扩展升级，改成小数位 4 位进行采集，这样从某种角度上来讲，实际是将电能表采集精度扩大了 100 倍，可以减小电能表因负荷小而造成的采集电量曲线上下波动幅度，大大提高大倍率联络线的电量采集准确性。经过上述线路的小数位采集扩展后，效果改观明显，如图 3-7～图 3-10 所示。

图 3-7　上曹 1435 线 4 位有效小数电能表采集日电量分时窗口值

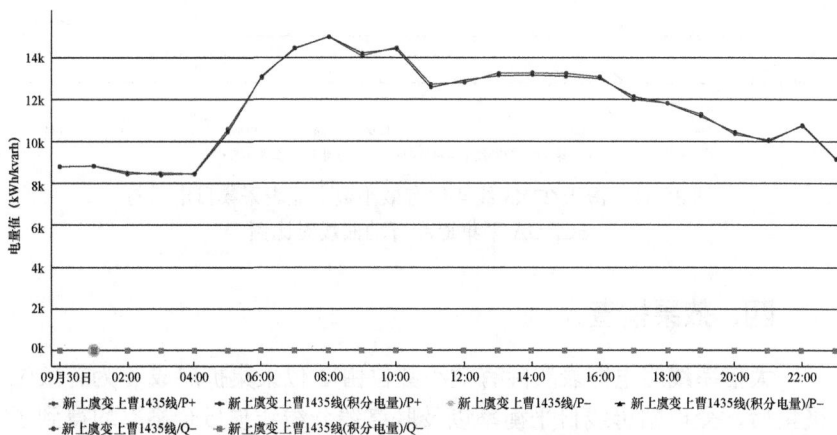

图 3-8　上曹 1435 线 4 位有效小数电能表采集日电量与
SCADA 采集遥测有功曲线对比图

表计数据查询

控制区: 浙工	当前位置: 数据查询 > 表底查

线路名称: 天姥变澄天23X3线

统计量名称: 天姥变电所 (4位小数) 天姥变澄天23X3线　日期: 2019-09-30　量别: 反向有功　总值　间隔: 5分钟　蓝饼

当日零点值: 42.865　导出

时间	05分	10分	15分	20分	25分	30分	35分	40分	45分	50分	55分	60分
00时	42.8848	42.8850	42.8851	42.8853	42.8855	42.8857	42.8858	42.8860	42.8862	42.8864	42.8865	42.8867
01时	42.8869	42.8870	42.8872	42.8873	42.8875	42.8877	42.8878	42.8880	42.8881	42.8883	42.8884	42.8886
02时	42.8887	42.8889	42.8890	42.8892	42.8893	42.8895	42.8897	42.8899	42.8900	42.8902	42.8904	
03时	42.8905	42.8907	42.8908	42.8910	42.8911	42.8912	42.8914	42.8915	42.8917	42.8918	42.8920	42.8921
04时	42.8922	42.8924	42.8925	42.8927	42.8928	42.8930	42.8931	42.8933	42.8934	42.8936	42.8937	42.8939
05时	42.8940	42.8942	42.8944	42.8945	42.8947	42.8948	42.8950	42.8952	42.8954	42.8956	42.8956	42.8960
06时	42.8962	42.8964	42.8966	42.8967	42.8969							
07时	42.8990	42.8993	42.8996	42.8999	42.9002	42.9005	42.9009	42.9012	42.9016	42.9020	42.9023	42.9027
08时	42.9031	42.9035	42.9039	42.9043	42.9047	42.9051	42.9055	42.9059	42.9063	42.9067	42.9071	42.9074
09时	42.9078	42.9082	42.9086	42.9090	42.9095	42.9099	42.9101	42.9105	42.9109	42.9113	42.9116	42.9120
10时	42.9124	42.9128	42.9131	42.9135	42.9139	42.9143	42.9146	42.9150	42.9153	42.9157	42.9160	42.9164
11时	42.9167	42.9169	42.9172	42.9177	42.9181	42.9183	42.9185	42.9186	42.9188	42.9190	42.9192	
12时	42.9194	42.9196	42.9198	42.9200	42.9203	42.9205	42.9208	42.9210	42.9213	42.9216	42.9219	42.9222
13时	42.9225	42.9228	42.9231	42.9235	42.9238	42.9241	42.9245	42.9248	42.9252	42.9255	42.9259	42.9262
14时	42.9266	42.9270	42.9273	42.9277	42.9280	42.9283	42.9287	42.9291	42.9295	42.9298	42.9302	42.9305
15时	42.9309	42.9312	42.9316	42.9319	42.9323	42.9326	42.9329	42.9333	42.9336	42.9340	42.9343	42.9346
16时	42.9349	42.9352	42.9355	42.9361	42.9364	42.9367	42.9370	42.9373	42.9376	42.9379	42.9383	
17时	42.9384	42.9387	42.9389	42.9392	42.9394	42.9396	42.9399	42.9401	42.9403	42.9405	42.9408	42.9410
18时	42.9412	42.9414	42.9417	42.9419	42.9421	42.9423	42.9425	42.9430	42.9432	42.9434	42.9436	
19时	42.9438	42.9440	42.9442	42.9444	42.9446	42.9448	42.9450	42.9453	42.9455	42.9457	42.9459	42.9461
20时	42.9463	42.9465	42.9467	42.9469	42.9471	42.9473	42.9475	42.9477	42.9479	42.9481	42.9483	42.9485
21时	42.9487	42.9490	42.9491	42.9493	42.9495	42.9501	42.9503	42.9505	42.9507	42.9509		
22时	42.9512	42.9514	42.9516	42.9518	42.9520	42.9523	42.9525	42.9527	42.9529	42.9531	42.9533	42.9535
23时	42.9537	42.9539	42.9541	42.9543	42.9545	42.9546	42.9548	42.9550	42.9552	42.9554	42.9558	42.9557

图 3-9　澄天 23X3 线 4 位有效小数电能表采集日电量分时窗口值

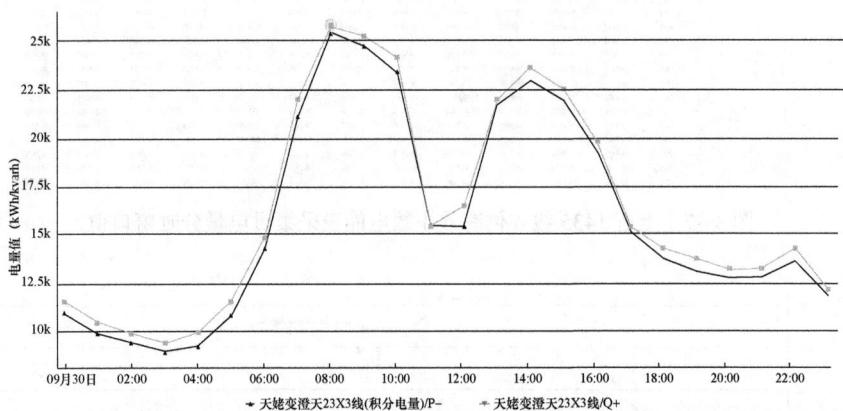

图 3-10　澄天 23X3 线 4 位有效小数电能表采集日电量与
SCADA 采集遥测有功曲线对比图

四、效果检查

大倍率线路电能表实际有效小数位由 2 位采集扩展成 4 为有效位采集后，变电站母线日平衡率以及联络线分线线损日合格率均得到了大大提高，效果对比如图 3-11～图 3-14 所示。

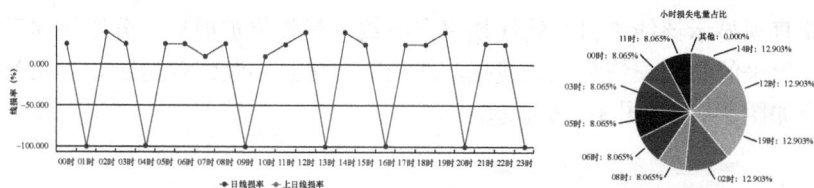

图 3－11　上曹 1435 线 2 位有效小数电能表采集时每小时线损率波动曲线图

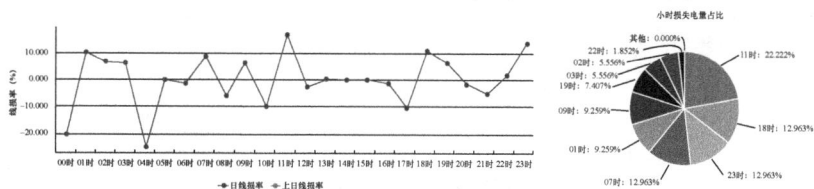

图 3－12　上曹 1435 线 4 位有效小数电能表采集后每小时线损率波动曲线图

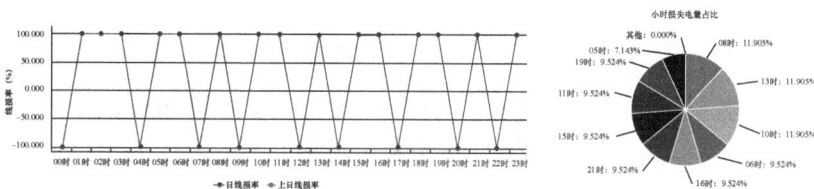

图 3－13　澄天 23X3 线 2 位有效小数电能表采集时每小时线损率波动曲线图

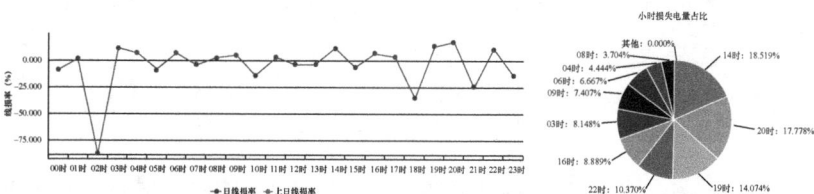

图 3－14　澄天 23X3 线 4 位有效小数电能表采集后每小时线损率波动曲线图

从上述日采集电量显示分线线损率的曲线结果上，可以直观发现，原电能表采集 2 位有效位时，该分线线损率曲线每小时上下波动很大，根本无法看出该线路的实际线损的波动情况。而在升级扩展成 4 位有效位采集后，该分线线损率曲线较为真实地反映出线路实际的线损率波动情况，分线线损率发生异常时也可以及时发现，并第一时间进行处置。

在国网线损系统日计算结果中小数点扩展前后对比图上，也同样能直观显示该线路日分线线损率在小数点有效位扩展后，分线线损率由原来的负线损恢复至正线损，线损率合格且小负线损消除。对比效果如图3-15、图3-16所示。

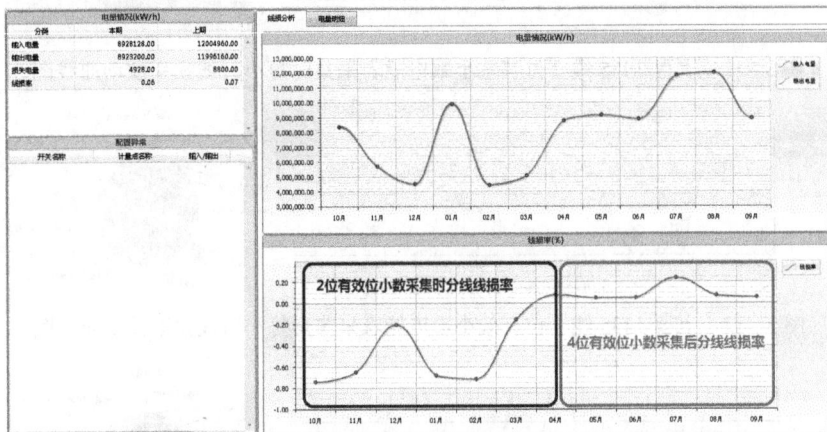

图3-15　线损系统截图：上曹1435线电能表扩展4位有效小数前后线损率变化曲线图

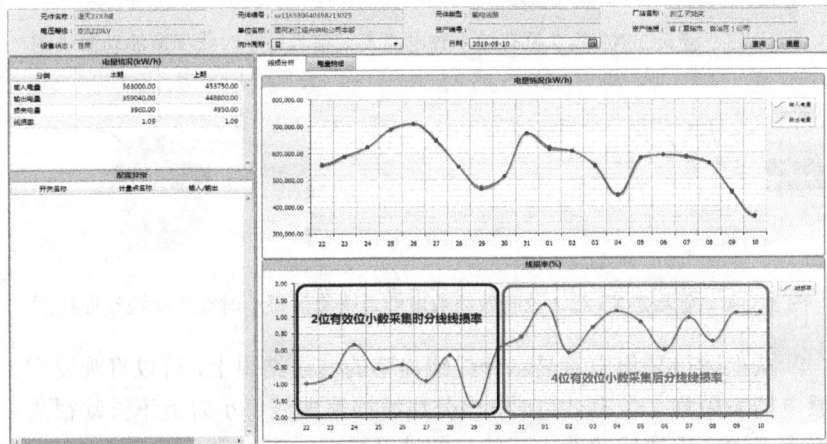

图3-16　线损系统截图：澄天23X3线电能表扩展4位有效小数前后线损率变化曲线图

案例三　利用变电站电能表及 ERTU 终端精确定位故障点

一、案例背景

截至 2019 年 10 月，某供电公司所辖 35kV 及以上变电站合计 239 座（其中 220kV 变电站 37 座、110kV 变电站 152 座、35kV 变电站 52 座），采集电能表 8730 块，ERTU 终端数量 240 台。2019 年 1 月初至 6 月底半年时间内合计发生异常 31 起（其中电能表故障 5 起，电能表缺相失压引起停走或欠压 12 起，母线电压互感器熔丝熔断引起大片电能表失压 3 起，ERTU 终端故障 8 起，因大修或技改引起电能表 485 通信总线中断 3 起等），这类异常事件从发生开始到人员排查发现，往往最早第二天才能发现并及时通知处置，遇到一些隐蔽性的问题（例如未影响母线平衡率合格率或分线线损率突变的），待发现时已经有较长时间处于异常状态，后期处置原因检查中往往耗费大量的人力物力。

二、现状分析

变电站电能表、电量采集终端（ERTU）在实际运行过程中，如图 3-17 所示，时有发生如电能表缺相失压、电池欠压告警、表计通信中断、因母线电压互感器熔丝熔断引起大片电能表失压等，以及电能表计与 ERTU 终端存在时间差、ERTU 终端与调度主站存在时间差、ERTU 终端电源模块故障、ERTU 终端数据存储失败、ERTU 终端频繁重启等异常情况，这种异常的出现，如不及时发现并处置，势必导致变电站母线平衡率及分线线损率的异常，严重影响国网线损系统内"四分"本单位日考核指标。

2019 年 6 月 2~3 日，110kV 孙端变电站 10kV Ⅱ 段母线所有馈线电能表失压，如图 3-18 所示，日均损失电量 10 万 kWh 以上，6 月 4 日变电运维人员检查母线电压互感器熔丝正常，电压正常，电能表失压事件但已恢复，如图 3-19 所示。6 月 7~8 日，该段母线所有馈

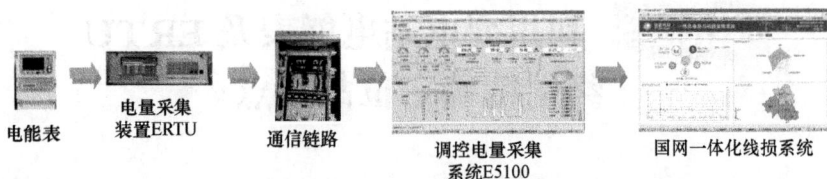

图 3-17 变电站电能表电量数据采集流程示意图

线电能表再次发生失压，6 月 7 日，变电运维人员及计量人员联合立即赶赴现场检查，发现电能表处于失压告警状态，母线电压互感器熔丝正常，问题初步判断为电源回路故障。6 月 8 日，变电检修人员现场进行回路检查，发现电压回路端子排接头松动，拧紧后恢复正常。6 月 9 日开始电能表及母线平衡率恢复正常。

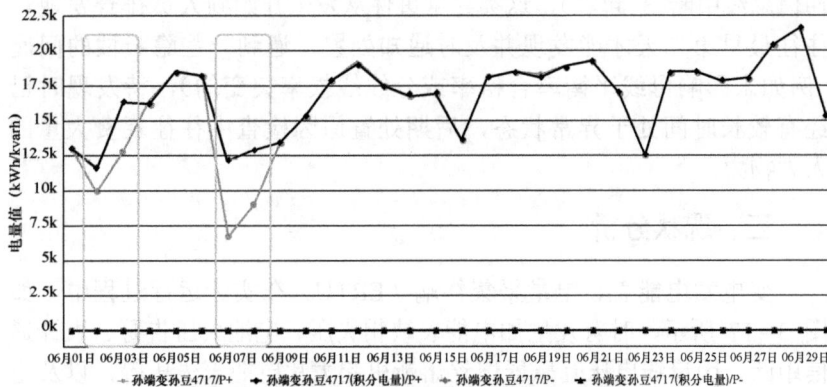

图 3-18 变电站电能表走字偏低，电能表采集电量与
SCADA 遥测电量曲线对比图

因 6 月份无法在国网线损系统内查到分线线损及母线平衡率的日指标计算结果，因此无法在线损系统内找到直观截图。

2019 年 8 月 1～26 日,220kV 礼泉变电站 35kV Ⅱ段母线连续出现三次母线失压情况（8 月 1～5 日 B 相失压、8 月 11～21 日 B 相失压、8 月 24～26 日 C 相失压,如图 3-20 所示）,均为母线电压互感器熔丝问题引起,且熔丝更换几天后问题再现,问题症结未彻底解决。三次

失压事件造成该段母线下出线电能表全部出现大负线损，如图 3-21
所示，母线电量损失严重。

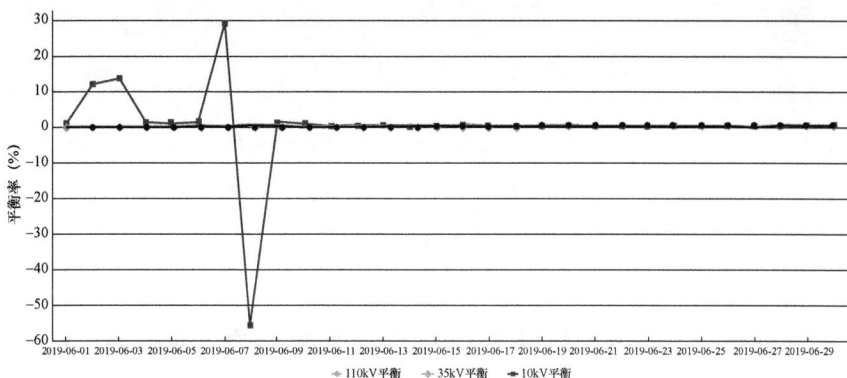

图 3-19 变电站电能表走字偏低，导致母线平衡率发生跳变图

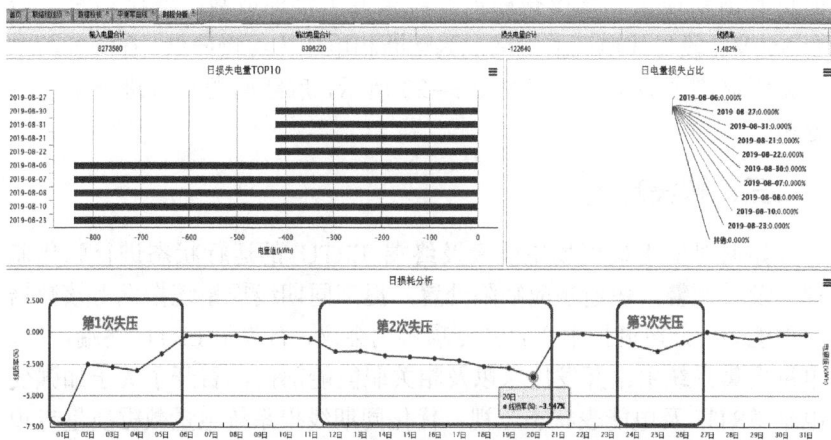

图 3-20 220kV 礼泉变电站 35kVⅡ段母线连续失压，
导致线损率不合格

8月27日，检修试验工区派技术专家现场核查原因，对 35kVⅡ段
母线电压互感器手车及开关柜二次回路进行检查，各项检查及试验测
试结果如图 3-22 所示。

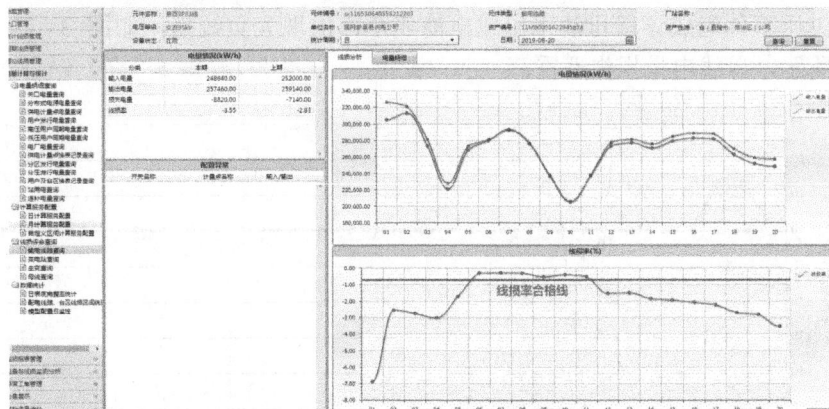

图 3-21　国网线损系统内礼泉变电站 35kV Ⅱ 段母线线路出现负线损率

　　检查结果表明：220kV 礼泉变电站 35kV Ⅱ 段母线电压互感器未发现异常情况，考虑高压熔丝质量情况，也已更换不同厂家的高压熔丝，但仍有熔断现象。熔丝熔断前系统未发生接地或故障跳闸情况，后台 35kV Ⅱ 段母线电压监测情况为熔断相电压为缓慢降低，在降低前电压无明显剧烈波动情况，如图 3-23 所示，后续问题有待进一步观察分析。

三、解决方法

　　如何对变电站现场电能表及终端 ERTU 的运行状态进行强化监视，及时预警，快速响应缺陷处置，提高同期线损系统指标考核数据支撑能力，公司调控中心召开专项协调会议，召集了 ERTU 终端厂家、电量采集系统主站开发厂家以及相关职能能部门，召开了关于加强变电站 ERTU 及电能表状态监视、优化同期线损系统电量数据质量专项协调会，会议主要就如何强化厂站侧电量设备状态监视，建立预警机制，快速联动缺陷响应处置，提高同期线损系统数据支撑力度，实施升级电量终端 ERTU 装置 IEC-102 通信规约及提升优化调度主站系统相应监视及告警等功能。同时 ERTU 装置将定时对电能表运行状态数据进行采集召唤，并同步上送至调度电能量采集系统，进行告警提示。

　　会议要求 ERTU 厂站及调控采集主站厂家按照会议纪要的功能要求和时间节点，及时完成实验室内部调试，并现场实施。

检查结果：电压互感器外壳表面清洁，一次接
线牢固无松动，无明显放电痕迹。

（a）

（b）

图 3-22 礼泉变 35kVⅡ段母线电压互感器外观及检查试验

（a）外观；（b）检查试验

四、效果检查

经过市区管辖的 110kV 变电站升级试点后，系统事件开始采集至调控主站，按照信息的重要程度，进行分类告警，所有信息需人工检查无误后确认归档，如图 3-23、图 3-24 所示。

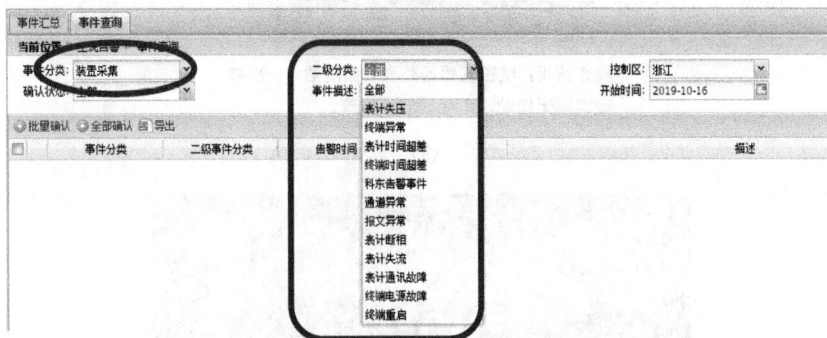

图 3-23　调控电量采集主站现场装置事件采集功能界面图

图 3-24　调控电量采集主站现场装置事件采集信息显示窗口图

效果示例：110kV 牛皋变电站终端装置时间差引起电能表计量电量与实际实时负荷出现时间差，如图 3-25 所示。

图 3-25　采集 110kV 牛皋变电站装置时间超差事件系统截图

从终端 ERTU 采集上来的时间差，如图 3-26 所示，可以看出，终端 ERTU 当前时钟比调度主站服务器当前时间相差约 4500s（1.25h），导致了 ERTU 采集电能表时的窗口值读数比实时电量相差约 1.25h 的时间差，从电能表采集曲线（蓝色曲线）与 SCADA 实时遥测曲线（红色曲线）校核对比图中也可以直观发现曲线的分离程度刚好相差 1 个多小时，因此异常问题可以基本锁定在终端 ERTU 时间对时异常。

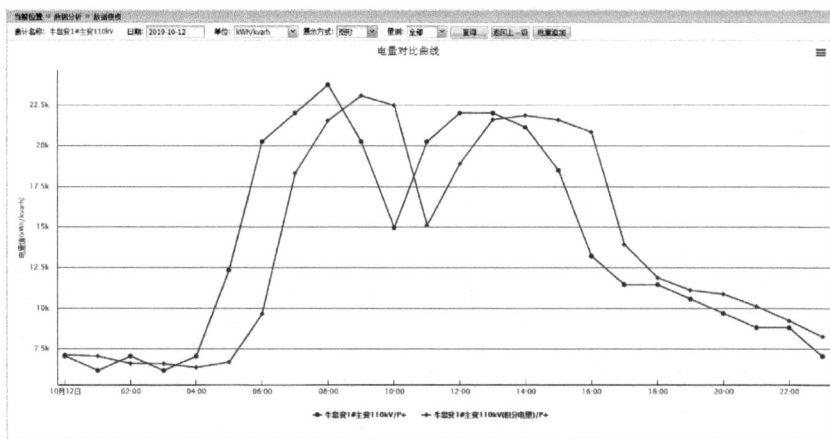

图 3-26　数据校核显示牛皋变电站采集电量曲线与实时
SCADA 遥测曲线存在时间差图

因该事件采集的告警分析等功能于 9 月底开始试点实施，变电站现场电表表计缺相失压、欠压、母线电压互感器熔丝故障等异常情况尚未发生，各项功能正在监测完善中，因此部分截图目前无法提供。

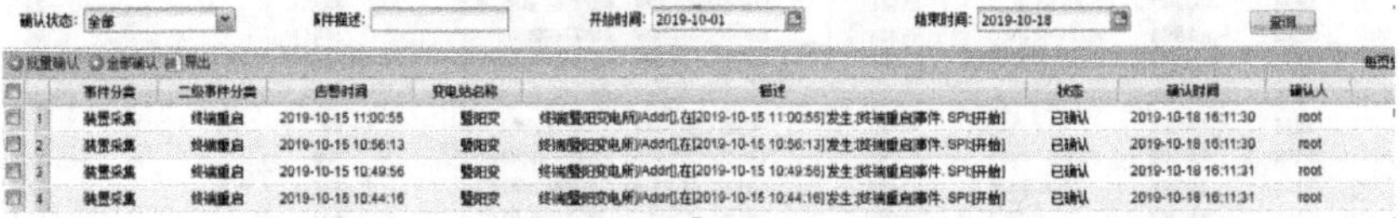

	事件分类	二级事件分类	告警时间	变电站名称	描述	状态	确认时间	确认人
1	装置采集	终端重启	2019-10-15 11:00:55	暨阳变	终端暨阳变电所|Addr[],在[2019-10-15 11:00:55]发生:[终端重启事件. SP[开始]	已确认	2019-10-18 16:11:30	root
2	装置采集	终端重启	2019-10-15 10:56:13	暨阳变	终端暨阳变电所|Addr[],在[2019-10-15 10:56:13]发生:[终端重启事件. SP[开始]	已确认	2019-10-18 16:11:30	root
3	装置采集	终端重启	2019-10-15 10:49:56	暨阳变	终端暨阳变电所|Addr[],在[2019-10-15 10:49:56]发生:[终端重启事件. SP[开始]	已确认	2019-10-18 16:11:31	root
4	装置采集	终端重启	2019-10-15 10:44:16	暨阳变	终端暨阳变电所|Addr[],在[2019-10-15 10:44:16]发生:[终端重启事件. SP[开始]	已确认	2019-10-18 16:11:31	root

图 3-27　变电站现场终端装置非正常重启事件采集截图

某供电公司正在根据目前采集到的事件信息，进行分类分析，变电站终端装置非正常运行，部分因时间超差严重引起线损日指标异常，如图 3-27 所示，正在制订计划逐步进行排查处理。

附　　录

变电站基础数据维护流程

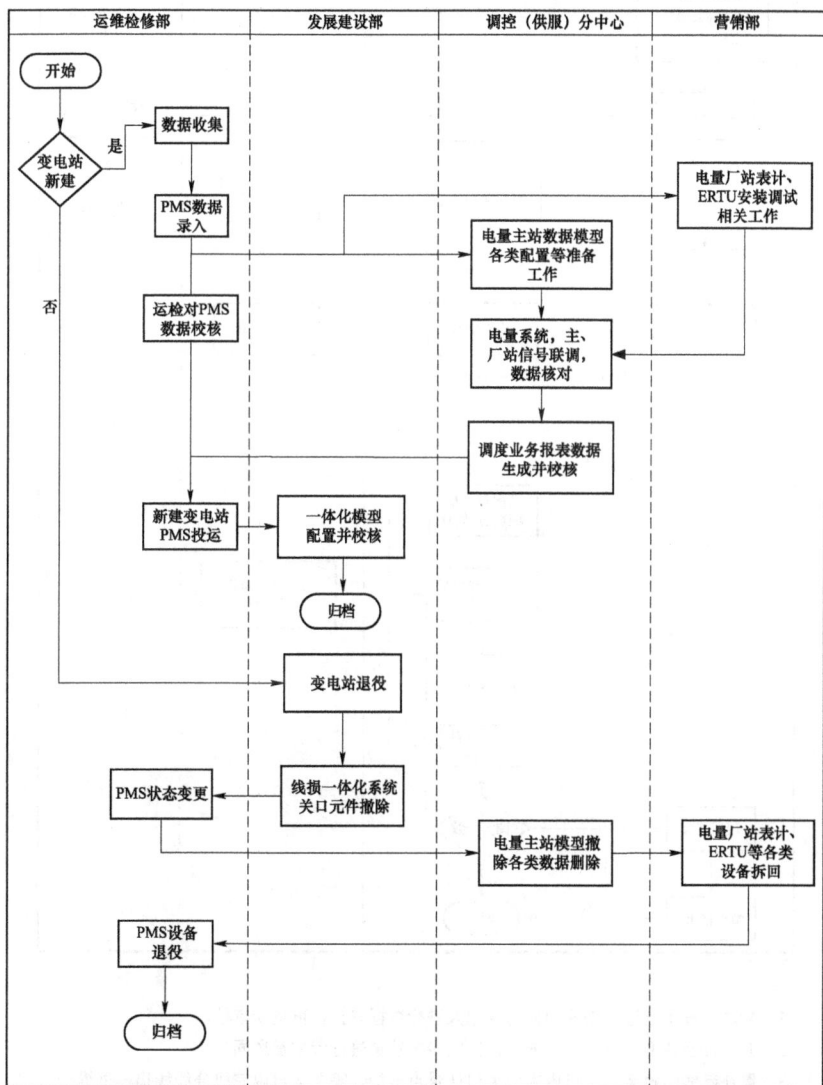

线路基础数据维护流程（新增）

供电所	运维检修部	调控（供服）分中心	营销部

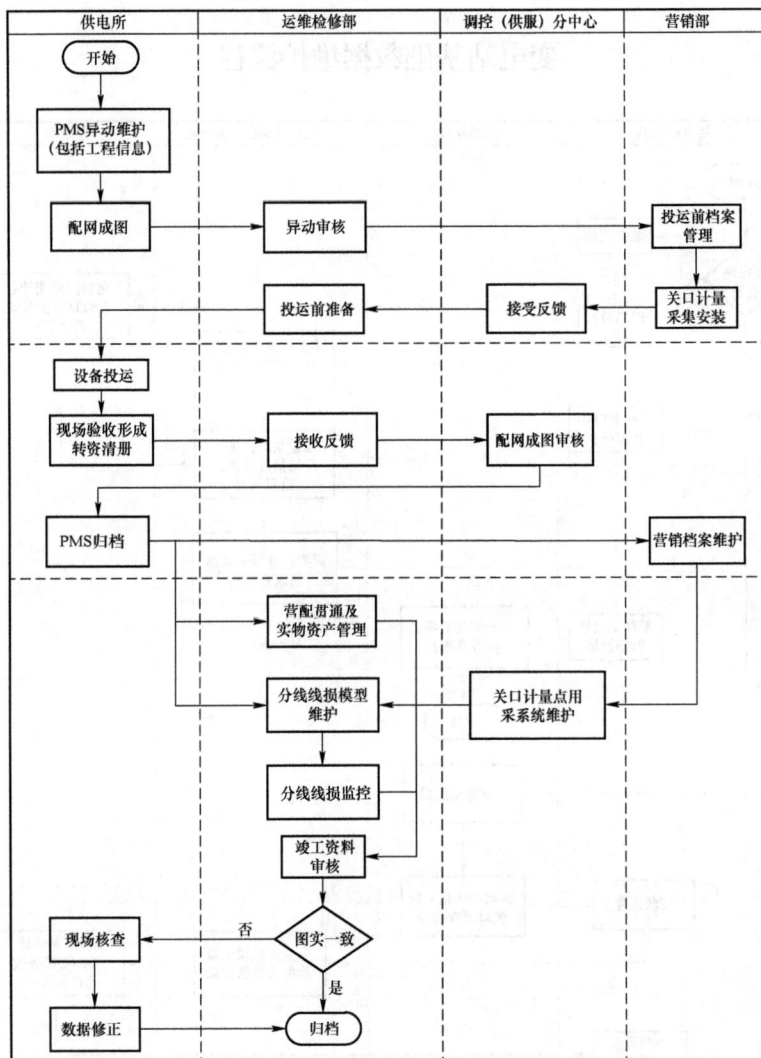

注

1 异动审核不通过，则返回异动发起人进行数据修正，再重新审核。

2 凡是涉及线变关系变更的异动，需同步发营销进行营配贯通同步。

3 需在新线路投运后 1 日内完成关口计量点维护，需在 2 日内完成分线线损模型维护。

126

线路基础数据维护流程（退役）

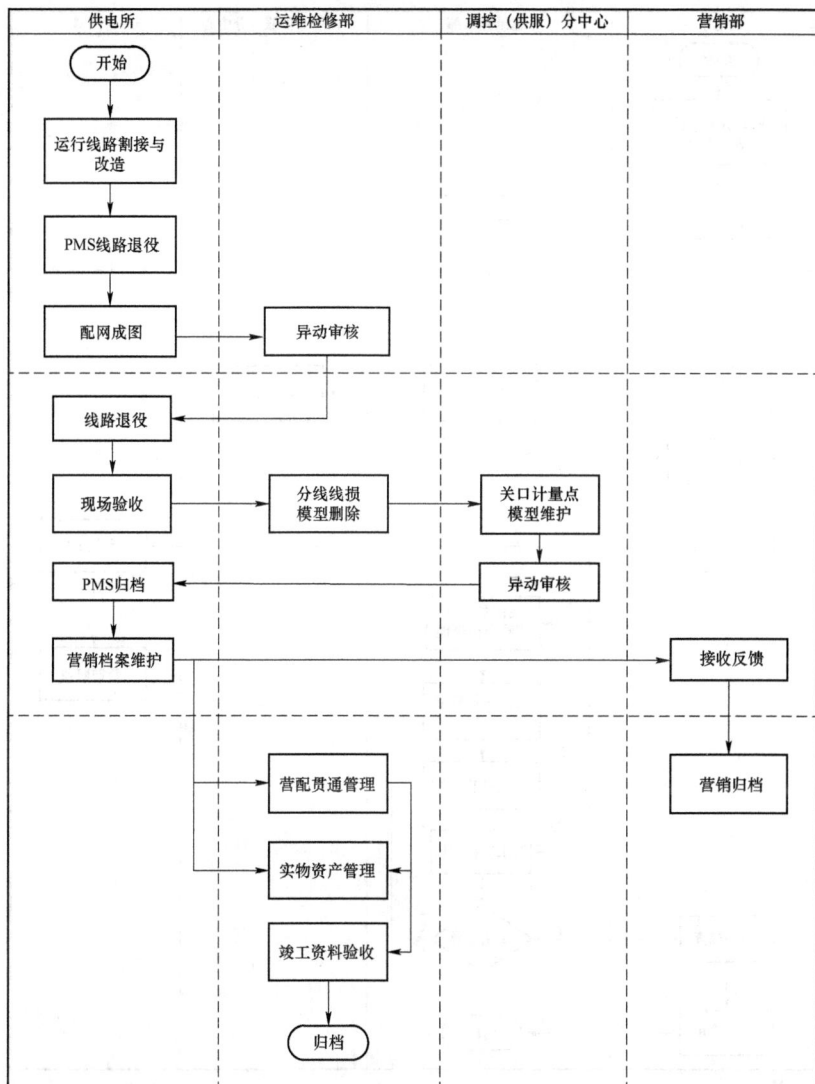

供电所	运维检修部	调控（供服）分中心	营销部

```
┌────────┐
│  开始  │
└────────┘
     │
┌──────────────┐
│ 运行线路割接与│
│     改造     │
└──────────────┘
     │
┌──────────────┐
│  PMS线路退役 │
└──────────────┘
     │
┌──────────┐        ┌──────────┐
│ 配网成图 │───────→│ 异动审核 │
└──────────┘        └──────────┘
                          │
┌──────────┐              │
│ 线路退役 │←─────────────┘
└──────────┘
     │
┌──────────┐    ┌──────────┐    ┌──────────┐
│ 现场验收 │───→│ 分线线损 │───→│ 关口计量点│
│          │    │ 模型删除 │    │ 模型维护 │
└──────────┘    └──────────┘    └──────────┘
                                      │
┌──────────┐              ┌──────────┐
│ PMS归档  │←─────────────│ 异动审核 │
└──────────┘              └──────────┘
     │
┌────────────┐                          ┌──────────┐
│ 营销档案维护│─────────────────────────→│ 接收反馈 │
└────────────┘                          └──────────┘
                                              │
    ┌──────────┐                        ┌──────────┐
    │ 营配贯通管理│                      │ 营销归档 │
    └──────────┘                        └──────────┘
    ┌──────────┐
    │ 实物资产管理│
    └──────────┘
    ┌──────────┐
    │ 竣工资料验收│
    └──────────┘
         │
    ┌────────┐
    │  归档  │
    └────────┘
```

注
1　异动审核不通过，则返回异动发起人进行数据修正，再重新审核。
2　凡是涉及线变关系变更的异动，需同步发营销进行营配贯通同步。

127

线路基础数据维护流程（割接）

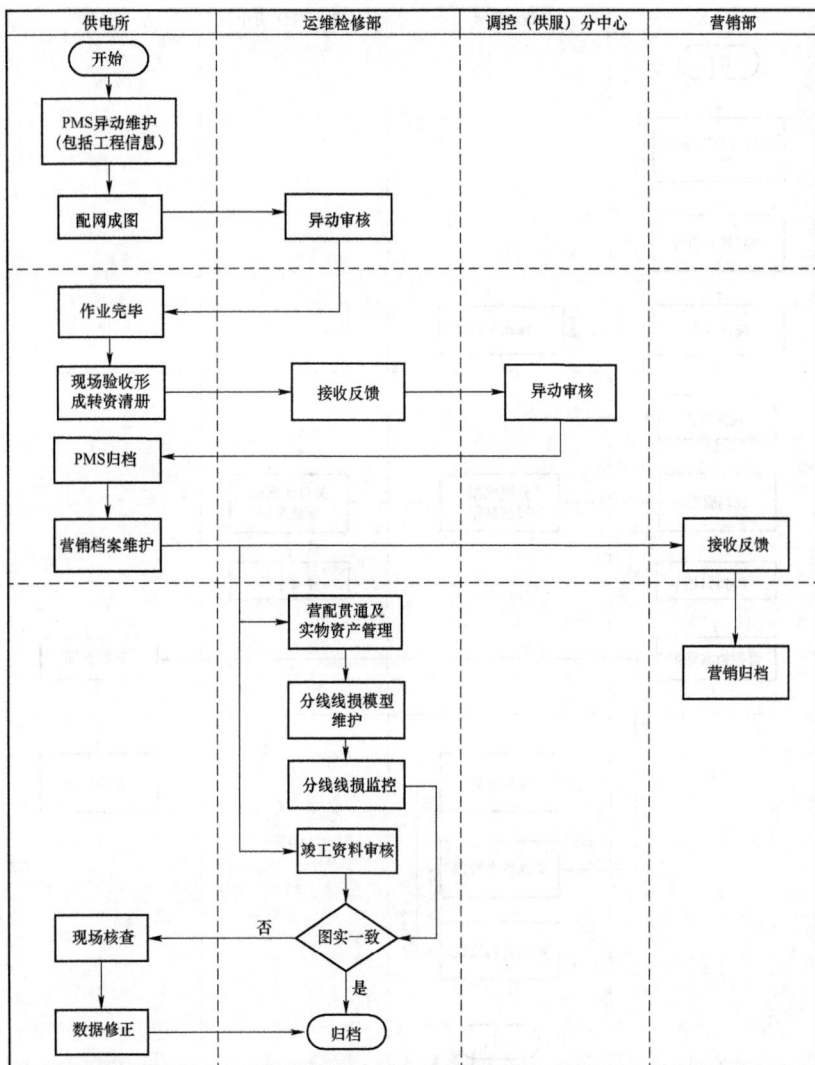

供电所	运维检修部	调控（供服）分中心	营销部

```
开始
  ↓
PMS异动维护
（包括工程信息）
  ↓
配网成图  →  异动审核
```

```
作业完毕  ←
  ↓
现场验收形  →  接收反馈  →  异动审核
成转资清册
  ↓
PMS归档  ←
  ↓
营销档案维护  ──────────────────────→  接收反馈
                                              ↓
                    营配贯通及                营销归档
                    实物资产管理
                        ↓
                    分线线损模型
                    维护
                        ↓
                    分线线损监控
                        ↓
                    竣工资料审核
                        ↓
现场核查  ←否── 图实一致
  ↓                 ↓是
数据修正  ────→  归档
```

注

1 异动审核不通过，则返回异动发起人进行数据修正，再重新审核。

2 凡是涉及线变关系变更的异动，需同步发营销进行营配贯通同步。

3 分线线损模型维护需在线路割接当日完成模型维护。

台区基础数据维护流程

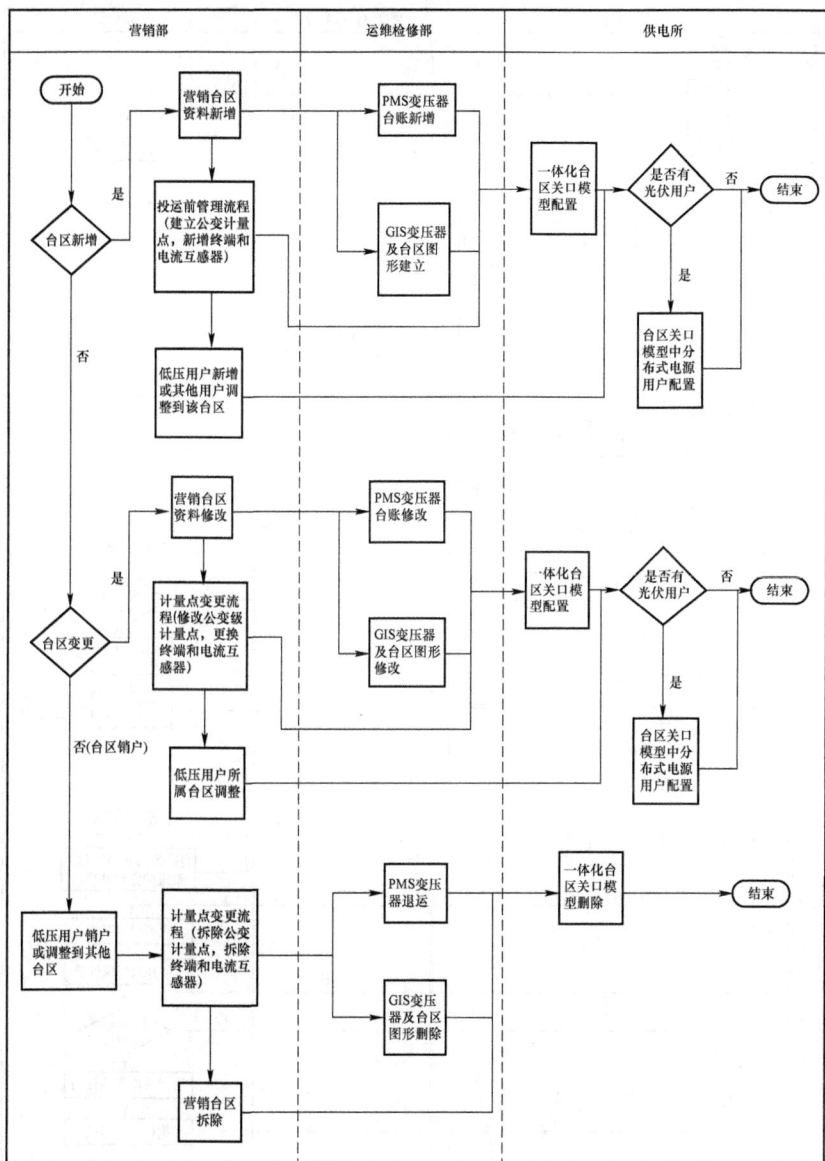

营销部	运维检修部	供电所

开始

营销台区资料新增 → PMS变压器台账新增

是

台区新增

否

投运前管理流程（建立公变计量点，新增终端和电流互感器）

GIS变压器及台区图形建立

一体化台区关口模型配置

是否有光伏用户 — 否 → **结束**

是

台区关口模型中分布式电源用户配置

低压用户新增或其他用户调整到该台区

营销台区资料修改 → PMS变压器台账修改

是

台区变更

否(台区销户)

计量点变更流程（修改公变级计量点，更换终端和电流互感器）

GIS变压器及台区图形修改

一体化台区关口模型配置

是否有光伏用户 — 否 → **结束**

是

台区关口模型中分布式电源用户配置

低压用户所属台区调整

低压用户销户或调整到其他台区

计量点变更流程（拆除公变计量点，拆除终端和电流互感器）

PMS变压器退运

一体化台区关口模型删除 → **结束**

GIS变压器及台区图形删除

营销台区拆除

高低压用户基础数据维护流程

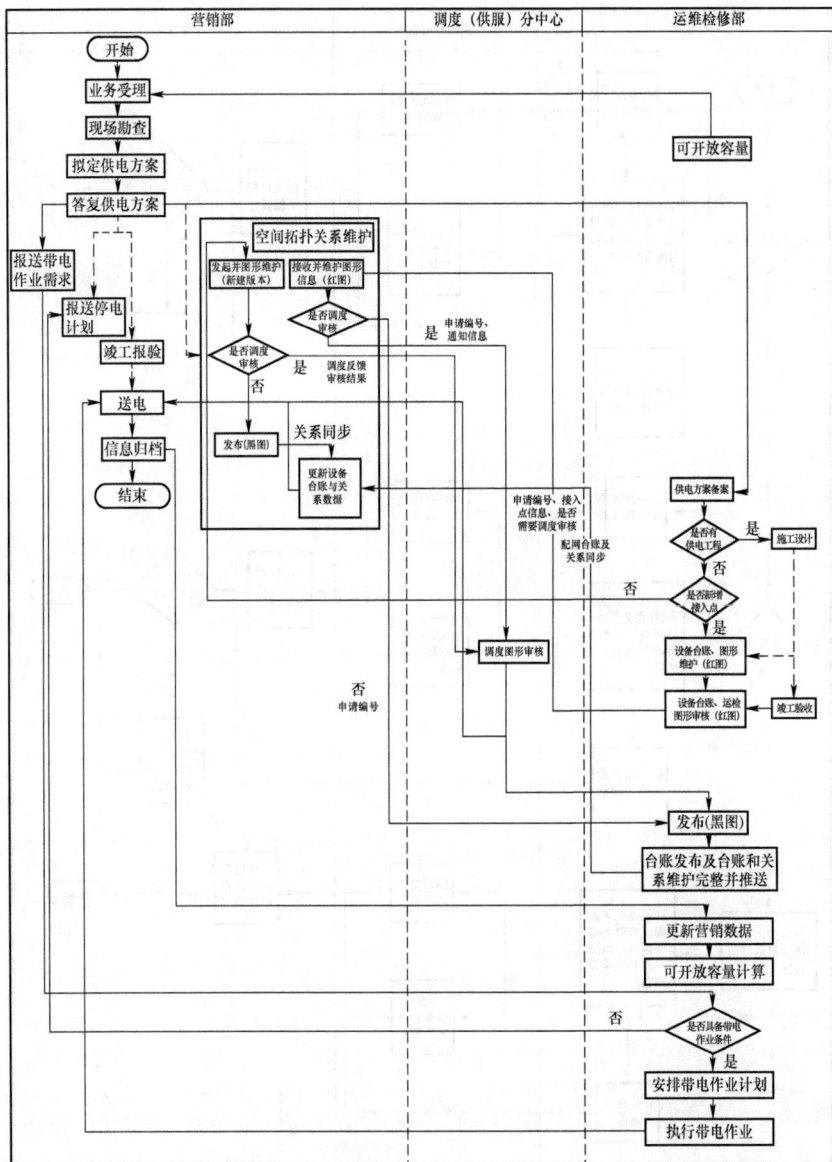

营销部	调度（供服）分中心	运维检修部

```
开始
  ↓
业务受理 ←──────────────────────── 可开放容量
  ↓
现场勘查
  ↓
拟定供电方案
  ↓
答复供电方案
  ↓
报送带电          空间拓扑关系维护
作业需求      发起并图形维护    接收并维护图形
  ↓         (新建版本)       信息(红图)
报送停电                是否调度
计划                    审核         申请编号、
  ↓       是否调度         是    通知信息
竣工报验    审核      是   调度反馈
  ↓         否           审核结果
送电 ←                              供电方案备案
  ↓      发布(蓝图)  关系同步              ↓
信息归档            更新设备         是否有    是  施工设计
  ↓              台账与关         供电工程
结束              系数据      申请编号、接入   否
                          点信息、是否  是否新增    否
                          需要调度审核  接入点
                          配网台账及    是
                          关系同步   设备台账、图形
                   调度图形审核      维护(红图)
                                设备台账、运检   竣工验收
               否              图形审核(红图)
            申请编号
                              发布(黑图)
                           台账发布及台账和关
                           系维护完整并推送
                              更新营销数据
                              可开放容量计算
                       否    是否具备带电
                             作业条件
                                是
                             安排带电作业计划
                             执行带电作业
```

供电关口计量及采集异常（变电站）

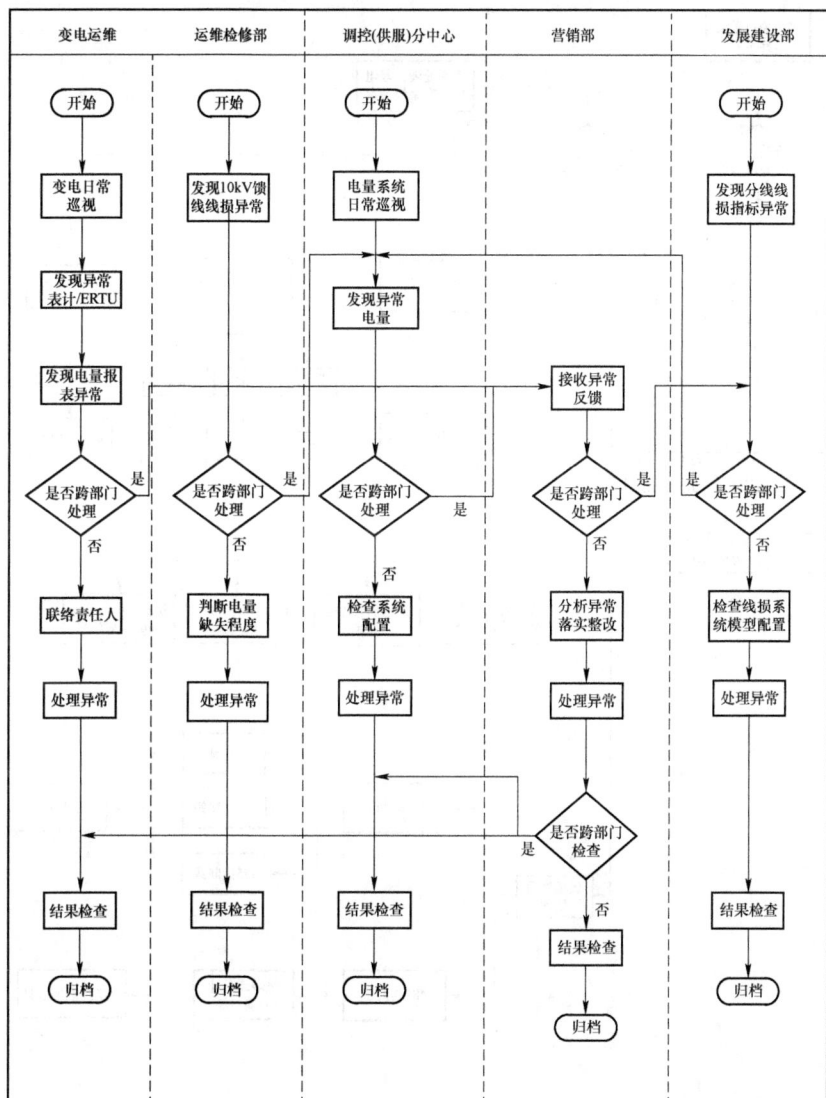

变电运维	运维检修部	调控(供服)分中心	营销部	发展建设部
开始	开始	开始		开始
变电日常巡视	发现10kV馈线线损异常	电量系统日常巡视		发现分线线损指标异常
发现异常表计/ERTU		发现异常电量		
发现电量报表异常			接收异常反馈	
是否跨部门处理 是/否	是否跨部门处理 是/否	是否跨部门处理 是/否	是否跨部门处理 是/否	是否跨部门处理 是/否
联络责任人	判断电量缺失程度	检查系统配置	分析异常落实整改	检查线损系统模型配置
处理异常	处理异常	处理异常	处理异常	处理异常
			是否跨部门检查 是/否	
结果检查	结果检查	结果检查	结果检查	结果检查
归档	归档	归档	归档	归档

供电关口计量及采集异常（小水电）

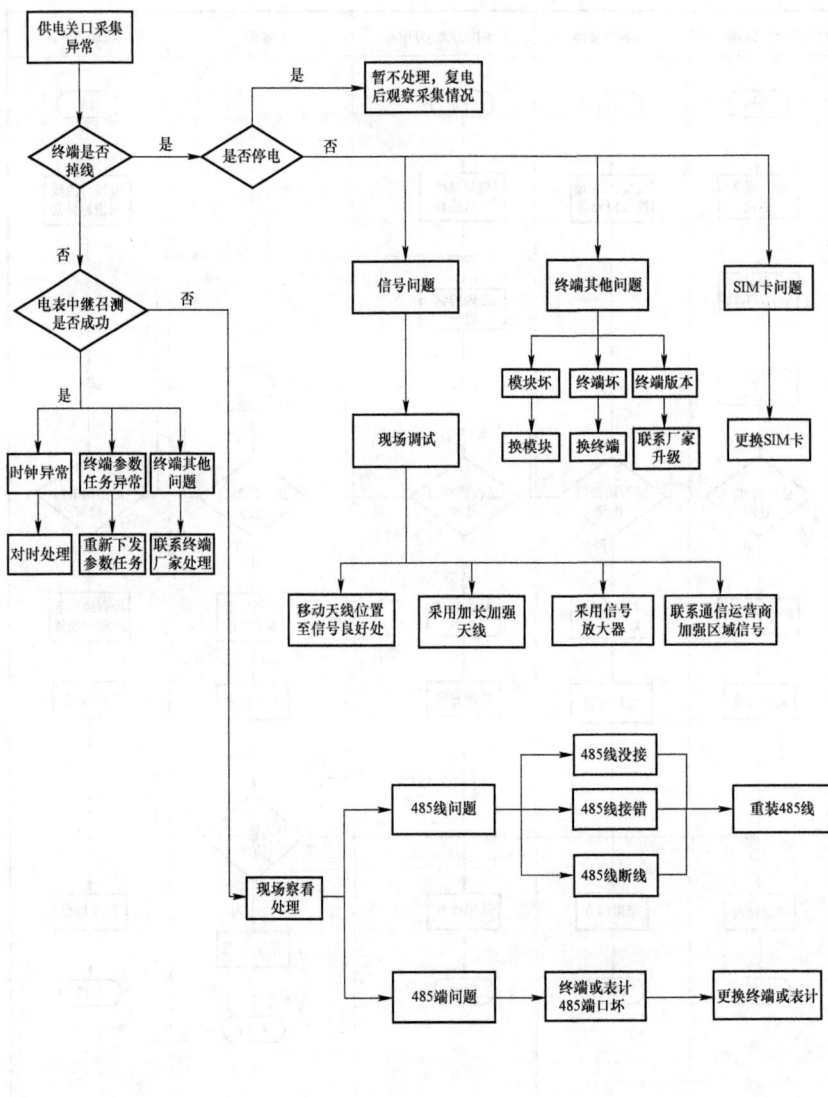

```
供电关口采集
异常
    │
    ▼
终端是否 ──是──→ 是否停电 ──是──→ 暂不处理，复电
掉线                              后观察采集情况
    │                 │
    否                 否
    │                 ▼
    ▼          ┌──────┬──────────┬──────────┐
电表中继召测 ──否──→  信号问题  终端其他问题   SIM卡问题
是否成功                  │          │           │
    │                    ▼          ▼           ▼
    是                 现场调试   模块坏 终端坏  更换SIM卡
    │                             终端版本
    ▼                             换模块 换终端
┌────┬────────┬────────┐        联系厂家
时钟  终端参数  终端其他            升级
异常  任务异常   问题
 │      │        │
 ▼      ▼        ▼
对时   重新下发  联系终端
处理   参数任务  厂家处理
```

移动天线位置至信号良好处　采用加长加强天线　采用信号放大器　联系通信运营商加强区域信号

现场察看处理 ── 485线问题 ── 485线没接 / 485线接错 / 485线断线 ── 重装485线

　　　　　　── 485端问题 ── 终端或表计485端口坏 ── 更换终端或表计

132

高压用户计量及采集异常处置流程

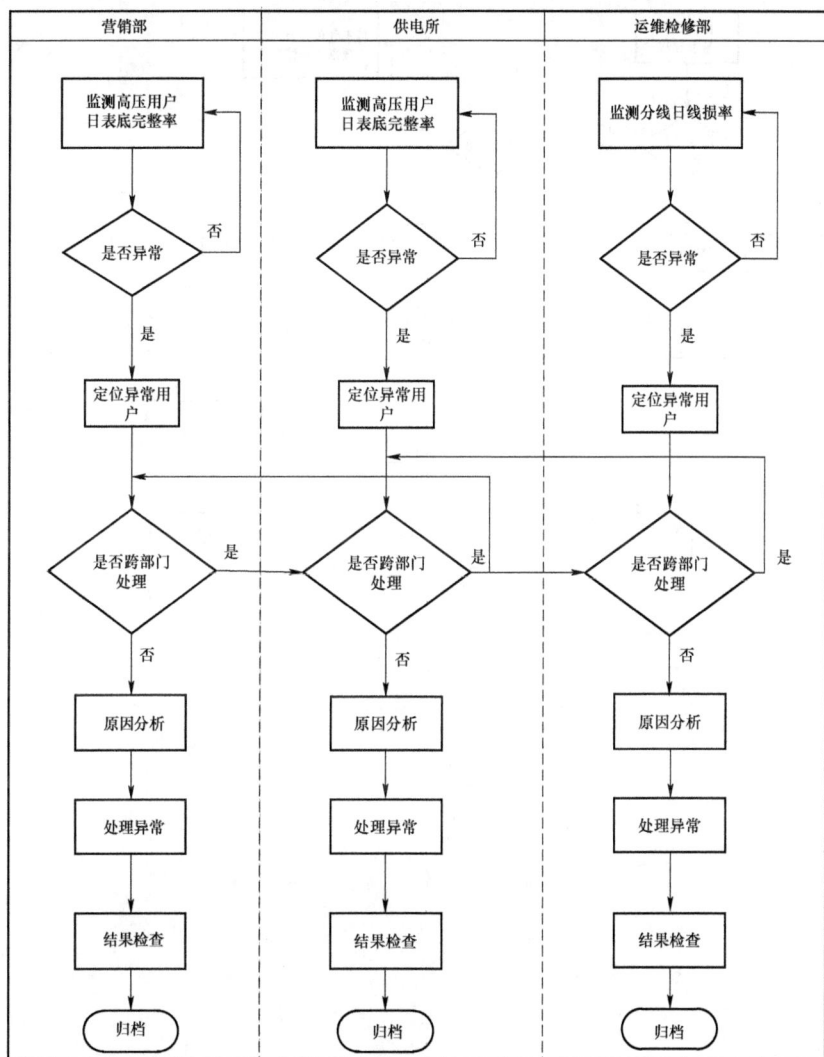

营销部	供电所	运维检修部

监测高压用户日表底完整率 → 是否异常 —否→ (返回)

是 ↓

定位异常用户

↓

是否跨部门处理 —是→

否 ↓

原因分析

↓

处理异常

↓

结果检查

↓

归档

监测高压用户日表底完整率 → 是否异常 —否→ (返回)

是 ↓

定位异常用户

↓

是否跨部门处理 —是→

否 ↓

原因分析

↓

处理异常

↓

结果检查

↓

归档

监测分线日线损率 → 是否异常 —否→ (返回)

是 ↓

定位异常用户

↓

是否跨部门处理 —是→

否 ↓

原因分析

↓

处理异常

↓

结果检查

↓

归档

台区关口计量及采集异常处置流程

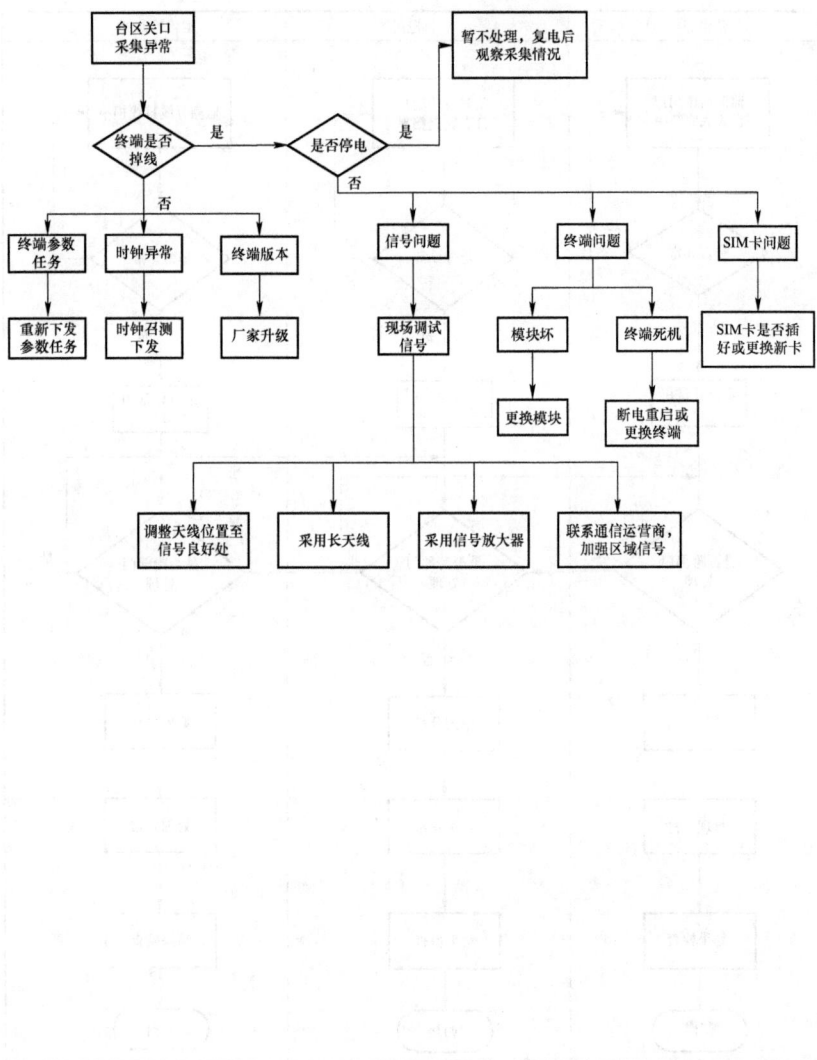

```
                 台区关口                          暂不处理，复电后
                 采集异常                          观察采集情况
                    │                                   ↑
                    ↓                                   │ 是
              终端是否    是      是否停电 ───────────────┘
              掉线    ───────→
                    │                    │ 否
                    │ 否                 │
        ┌───────────┼───────────┐       ├──────────────┬──────────────────┐
        ↓           ↓           ↓       ↓              ↓                  ↓
   终端参数      时钟异常     终端版本   信号问题       终端问题           SIM卡问题
     任务
        │           │           │       │          ┌────┴────┐             │
        ↓           ↓           ↓       ↓          ↓         ↓             ↓
   重新下发      时钟召测     厂家升级   现场调试    模块坏    终端死机      SIM卡是否插
   参数任务      下发                  信号                              好或更换新卡
                                       │          │         │
                                       │          ↓         ↓
                                       │        更换模块   断电重启或
                                       │                   更换终端
        ┌──────────────┬──────────────┼──────────────┐
        ↓              ↓              ↓              ↓
   调整天线位置至    采用长天线    采用信号放大器   联系通信运营商，
   信号良好处                                      加强区域信号
```

低压计量及采集异常处置流程

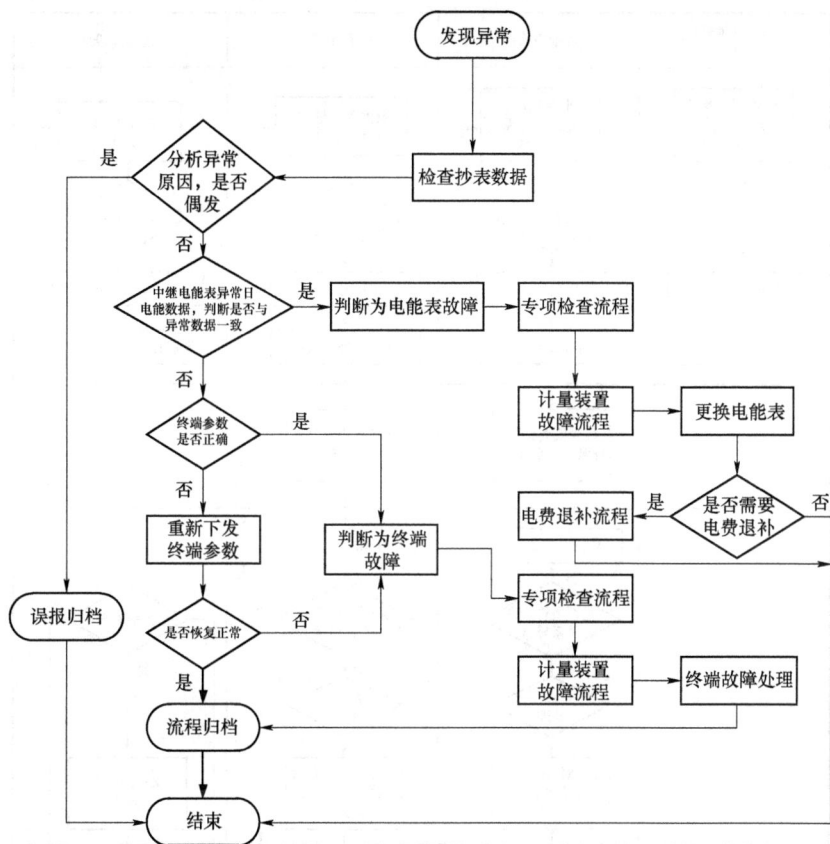

```
                                        ┌─────────┐
                                        │ 发现异常 │
                                        └────┬────┘
                                             │
                                             ▼
           ┌────────┐              ┌──────────────┐
     是    │ 分析异常 │   ◄──────    │ 检查抄表数据  │
    ◄──────│ 原因，是否│              └──────────────┘
           │   偶发   │
           └────┬─────┘
                │否
                ▼
    ┌──────────────────┐    是    ┌───────────────┐     ┌───────────────┐
    │中继电能表异常日    │ ──────► │ 判断为电能表故障 │ ──► │  专项检查流程   │
    │电能数据，判断是否与 │         └───────────────┘     └───────┬───────┘
    │异常数据一致        │                                       │
    └────────┬─────────┘                                        ▼
             │否                                       ┌───────────────┐     ┌───────────────┐
             ▼                                         │ 计量装置        │ ──► │  更换电能表     │
    ┌──────────────┐   是                              │ 故障流程        │     └───────┬───────┘
    │ 终端参数       │ ──────┐                          └───────────────┘             │
    │ 是否正确       │        │                                                        ▼
    └────────┬─────┘        │              ┌───────────────┐  是    ┌───────────────┐
             │否             │              │  电费退补流程   │ ◄──── │ 是否需要        │  否
             ▼               ▼              └───────┬───────┘       │ 电费退补        │ ────┐
    ┌──────────────┐  ┌───────────────┐            │               └───────────────┘     │
    │ 重新下发       │  │ 判断为终端      │            │                                     │
    │ 终端参数       │  │ 故障           │            ▼                                     │
    └────────┬─────┘  └───────┬───────┘    ┌───────────────┐                             │
             │                │             │  专项检查流程   │  ◄──────────────────────────┘
 ┌────────┐  ▼                │             └───────┬───────┘
 │ 误报归档 │ ┌──────────────┐ │                     ▼
 └───┬────┘ │ 是否恢复正常   │◄┘            ┌───────────────┐     ┌───────────────┐
     │      └───────┬──────┘  否           │ 计量装置        │ ──► │  终端故障处理   │
     │              │                       │ 故障流程        │     └───────────────┘
     │              │是                     └───────────────┘
     │              ▼
     │      ┌───────────┐
     │      │  流程归档   │ ◄──────────────────────────
     │      └─────┬─────┘
     │            │
     ▼            ▼
   ┌─────────────────┐
   │      结束        │ ◄────────────────────────────
   └─────────────────┘
```

拓扑异常处置流程

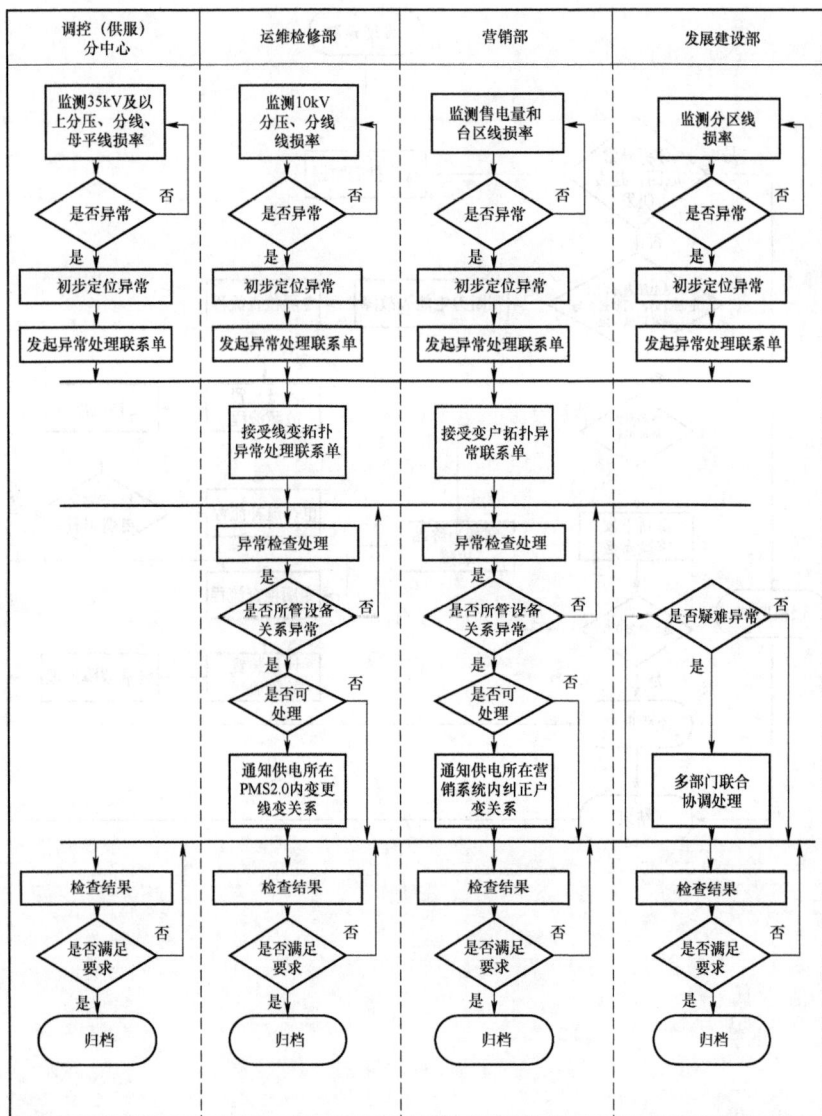

调控（供服）分中心	运维检修部	营销部	发展建设部

监测35kV及以上分压、分线、母平线损率 → 是否异常（否↑）→ 是 ↓ 初步定位异常 → 发起异常处理联系单

监测10kV分压、分线线损率 → 是否异常（否↑）→ 是 ↓ 初步定位异常 → 发起异常处理联系单 → 接受线变拓扑异常处理联系单 → 异常检查处理 → 是 ↓ 是否所管设备关系异常（否→）→ 是 ↓ 是否可处理（否→）→ 通知供电所在PMS2.0内变更线变关系 → 检查结果 → 是否满足要求（否↑）→ 是 ↓ 归档

监测售电量和台区线损率 → 是否异常（否↑）→ 是 ↓ 初步定位异常 → 发起异常处理联系单 → 接受变户拓扑异常联系单 → 异常检查处理 → 是 ↓ 是否所管设备关系异常（否→）→ 是 ↓ 是否可处理（否→）→ 通知供电所在营销系统内纠正户变关系 → 检查结果 → 是否满足要求（否↑）→ 是 ↓ 归档

监测分区线损率 → 是否异常（否↑）→ 是 ↓ 初步定位异常 → 发起异常处理联系单 → 是否疑难异常（否↑）→ 是 ↓ 多部门联合协调处理 → 检查结果 → 是否满足要求（否↑）→ 是 ↓ 归档

反窃电处置流程

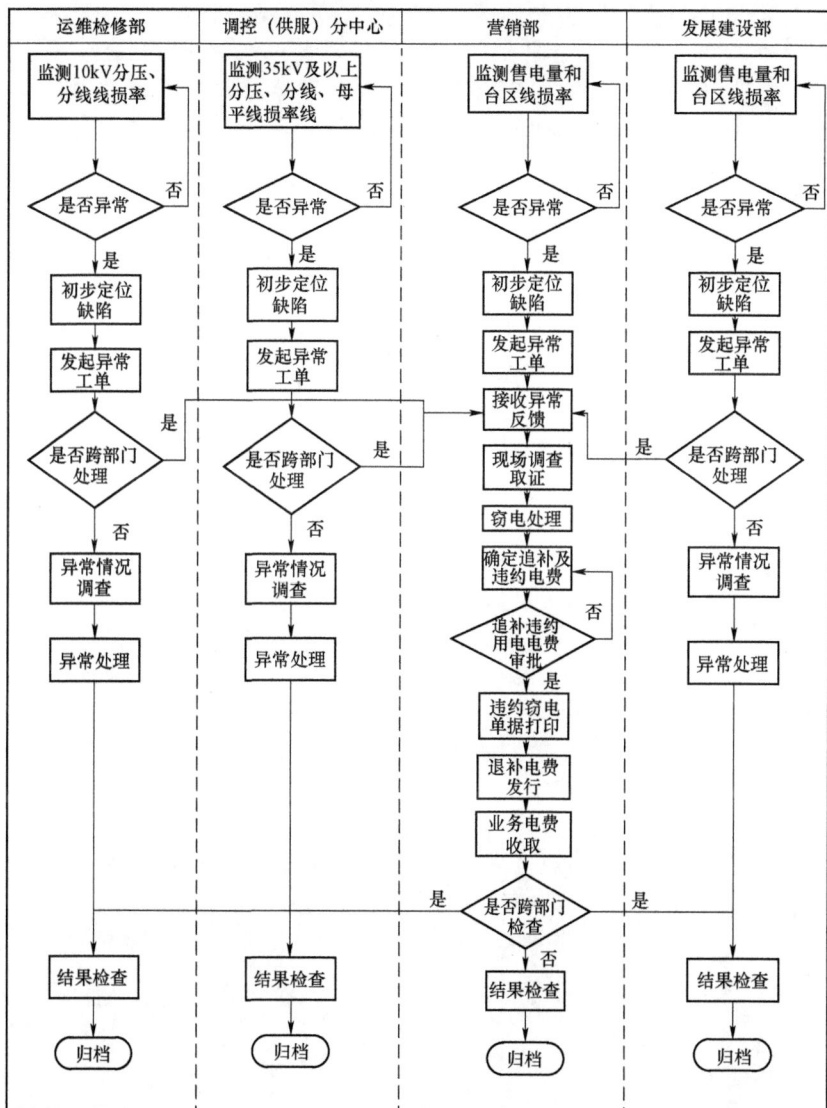

运维检修部	调控（供服）分中心	营销部	发展建设部

运维检修部：
监测10kV分压、分线线损率 → 是否异常（否：返回）→ 是 → 初步定位缺陷 → 发起异常工单 → 是否跨部门处理（是）→ 否 → 异常情况调查 → 异常处理 → 结果检查 → 归档

调控（供服）分中心：
监测35kV及以上分压、分线、母平线损率线 → 是否异常（否：返回）→ 是 → 初步定位缺陷 → 发起异常工单 → 是否跨部门处理（是）→ 否 → 异常情况调查 → 异常处理 → 结果检查 → 归档

营销部：
监测售电量和台区线损率 → 是否异常（否：返回）→ 是 → 初步定位缺陷 → 发起异常工单 → 接收异常反馈 → 现场调查取证 → 窃电处理 → 确定追补及违约电费 → 追补违约用电电费审批（否：返回）→ 是 → 违约窃电单据打印 → 退补电费发行 → 业务电费收取 → 是否跨部门检查（是）→ 否 → 结果检查 → 归档

发展建设部：
监测售电量和台区线损率 → 是否异常（否：返回）→ 是 → 初步定位缺陷 → 发起异常工单 → 是否跨部门处理（是）→ 否 → 异常情况调查 → 异常处理 → 结果检查 → 归档